U0496371

创新在闪光

FLASH INNOVATION（2023年卷）

北京市科学技术奖励工作办公室　主编

北京理工大学出版社
BEIJING INSTITUTE OF TECHNOLOGY PRESS

版权专有　侵权必究

图书在版编目（CIP）数据

创新在闪光 . 2023 年卷 / 北京市科学技术奖励工作办公室主编 . -- 北京 : 北京理工大学出版社 , 2025. 5.

ISBN 978 -7 -5763 -5337 -2

I. G322.71

中国国家版本馆 CIP 数据核字第 20256F1A18 号

责任编辑：徐艳君　　**文案编辑**：徐艳君

责任校对：刘亚男　　**责任印制**：施胜娟

出版发行 / 北京理工大学出版社有限责任公司

社　　址 / 北京市丰台区四合庄路 6 号

邮　　编 / 100070

电　　话 / （010）68944451（大众售后服务热线）

（010）68912824（大众售后服务热线）

网　　址 / http://www.bitpress.com.cn

版 印 次 / 2025 年 5 月第 1 版第 1 次印刷

印　　刷 / 雅迪云印（天津）科技有限公司

开　　本 / 710 mm × 1000 mm　1/16

印　　张 / 14

字　　数 / 208 千字

定　　价 / 78.00 元

图书出现印装质量问题，请拨打售后服务热线，负责调换

前言

立足新起点 推动北京国际科技创新中心建设迈向更高水平

2023 年，北京在科技创新的征途上硕果累累。首都科技工作者以国家的重大需求为己任，潜心研究，攻克难关，取得了一系列引人瞩目的创新成果，共有 19 位科学家和 196 项成果脱颖而出，荣获 2023 年度北京市科学技术奖。

获奖者在科技创新的道路上勇往直前，抢占“新机遇”，提出新理论、开辟新领域，为北京建设国际科技创新中心提供了重要支撑。

基础研究是科技创新体系的源头活水，是实现高水平科技自立自强的迫切需求。2023 年度获奖成果中，基础研究类获奖成果占比达到 26.5%，彰显了北京在科技创新领域的深厚底蕴；获奖成果在多个前沿方向取得一批基础性、原创性成果，为构建北京原始创新策源地筑牢根基。

例如，狄拉克材料的载流子输运调控及新原理器件效应研究，揭示了新奇的量子输运特性，发现了基于载流子输运新原理的器件效应，实现了拓扑超导相变的场效应调控，为发展低功耗、高可靠性的新一代电子器件提供了构筑思路。“肿瘤微环境与肝癌干细胞相互作用解析及其靶向治疗新策略”项目深度解析了肝癌 TME 与 CSC 相互作用机制，鉴定了新的 CSC 调控靶点，具有重要的科学和临床转化价值。

面向国家重大需求，首都科技工作者迎难而上，在多个领域实现了“卡脖子”技术的突破，展现出在科技创新领域的强大实力。以服务国家重大战略需求为导向，围绕大型粒子加速器、北斗卫星等重点领域，不断突破技术瓶颈，加速提升创新效能，为实现高水平科技自立自强提供战略支撑。

例如，大型粒子加速器多频段高性能超导腔系统自主创新研发及工程应用研究中，科学家们成功自主研发了国内首个 500 兆赫超导高频腔系统，成果的多项核心技术在怀柔科学城最大的国家科学基础设施高能同步辐射光源（HEPS）和北京市“先进光源研发与测试平台（PAPS）”等大科学装置中得到应用，提升了怀柔科学城在该领域的科技实力和国际影响力；北斗全球系统试验卫星在轨验证关键技术及应用攻克了在轨试验关键技术，有效验证了北斗全球系统核心方案体制和关键技术指标，为确定全球系统技术状态提供支撑。

在推动科技成果转化应用方面，北京同样展现出非凡的实力。2023 年度获奖项目中，企业作为前三单位参与完成的项目实现连续 5 年超半数。越来越多的在京科技企业成为科技创新的主体，持续推动科技创新和产业创新深度融合，为培育和壮大新质生产力蓄势赋能。

例如，低成本 Q/V/Ka 频段低轨宽带通信卫星批量研制及应用研究中，科技企业组织开展关键技术攻关，研制了七颗组网通信试验卫星，构建了天地一体的试验试用平台，助推北京商业航天领域发展；新一代软件定义广域网技术创新及规模应用创新提出电信级 SD-WAN 技术体系，解决大规模网络组网难题，主导国际标准制定，研发国产化设备，建成全球最大运营商 SD-WAN 网络。

创造人民美好生活，是我国科技创新与应用的根本宗旨。在医疗健康、环境保护、公共安全、农业育种、科普教育等多个领域，北京取得了一系列重大科技创新成果，并成功转化为实际应用，极大地提升了人民群众的生活质量与幸福感。

例如，在医疗健康方面，骨盆骨折微创治疗关键技术装置的发明与应用研究，揭示了骨盆骨折“绞锁－解锁”机制，促进了我国骨科器材原始创新与智能升级，推动了我国骨盆微创手术的技术发展和普及下沉；低维护－短流程膜法水处理技术的研发，攻克了分散型供排水低维护净化的世界性难题，不仅保障了北京市民的安全优质饮用水供给与污水处理，还将推广到国内外，特别是斯里兰卡、尼泊尔等“一带一路”共建国家。

获奖成果还体现了科技与中华优秀传统文化的结合，无论是科技服务文化遗产保护还是中医中药现代化研究，无论是海量汉字的智能应用还是建立基于汉语的资源库应用，都取得了显著成就。这些科技创新成果的应用，不仅彰显了我国科技创新的实力与担当，更展现了中国文化的自信。

千帆竞发，勇进者胜。在建设国际科技创新中心的道路上，北京正在加速前行，科技创新在这块充满活力的土地上不断闪耀光芒。

目录

CONTENTS

筑牢基础研究根基

目录
CONTENTS

服务国家重大需求

2023

目录

CONTENTS

推动高精尖产业发展

目录
CONTENTS

创造人民美好生活

2023年

北京市科学技术奖获奖项目

FLASH INNOVATION
创新在闪光（2023年卷）

筑牢基础研究根基

从“监测人”到“监测环境”：探索疾病的独特呼出气“指纹”

撰文 / 李晶

空气中的成分错综复杂，除了我们赖以生存的氧气，还潜藏着许多对人体健康构成威胁的有害物质。这些不速之客，随着我们的每一次呼吸，悄无声息地进入我们的身体，其中部分甚至携带病毒或细菌，成为潜在的传染病暴发源。如何在空气中精确及时捕捉这些危害人类健康的“微小威胁”呢？北京大学环境学院教授要茂盛带领团队研发了气溶胶采集监测系统，并针对气溶胶传播呼吸系统感染疾病相关问题提供了创新的解决方案。

隐藏在空气中的感染源

1918 年，西班牙流感肆虐，造成了全球 5000 万人的死亡。早在 500 年以前，就有学者提出气溶胶传播疾病，但一直没有得到应有的重视，其主要原因是缺乏能够提供足够证据的技术方法。

为揭开这层迷雾，科学家们希望通过捕捉气溶胶中的病原体，并像侦探一样，分析找到这些微小颗粒与传染病传播的紧密关联。

气溶胶是指那些悬浮在气体媒介中，且粒径小于 100 微米的颗粒混合体系。气溶胶不仅是病毒与细菌的潜在载体，也是传染病的重要传播途径之一。然而，这些气溶胶病原体颗粒尺寸微小，使得捕捉它们成为一项极具挑战的任务。即便成功捕捉，运用传统方法检测也将是一项耗时冗长的工程，而且检测灵敏度和准确率并不尽如人意。

针对这些技术挑战，要茂盛团队在北京大学成功研发了 BioSTAND 生物安全防御系统。这一系统通过呼出气冷凝液采集装置、生物气溶胶大流量采集器、大流量颗粒物液体浓缩器等设备，实现了对气溶胶病原体的高效浓缩富集。同时，

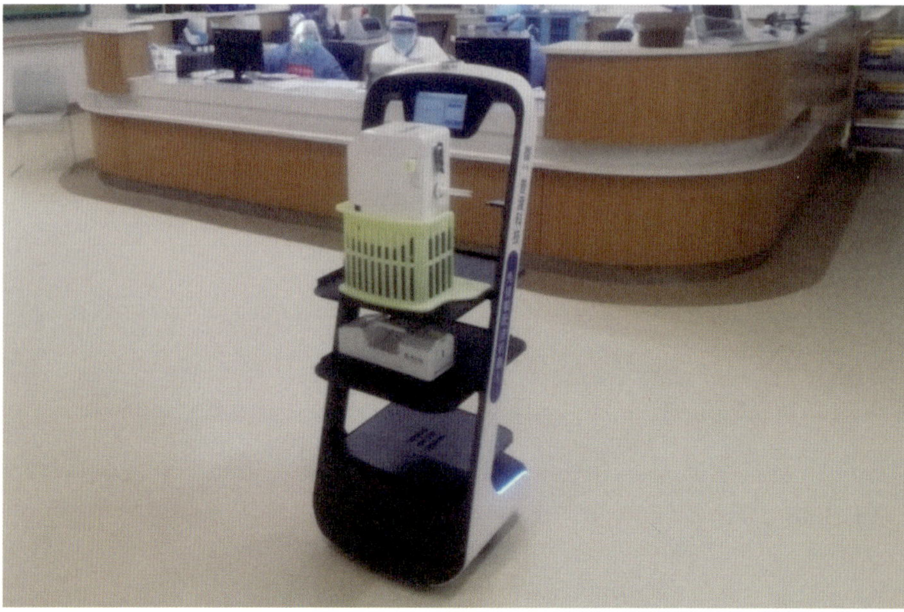

用于气溶胶采集的“机器人”

结合生物传感、活体大鼠传感，成功实现了对气溶胶包括病原体颗粒及其健康效应的实时探测。

在新冠病毒疫情期间以及 2022 年北京冬季奥运会期间，这一研发成果发挥了举足轻重的作用，不仅为世界卫生组织发布应对新冠病毒疫情的方案提供了重要的监测依据，也为冬奥会保障工作筑起了一道坚实的防线。该创新成果还为人们更好地理解气溶胶与呼吸系统感染疾病传播之间的关系，以及制定更有效的防控策略，提供重要的技术支撑与监测数据。

让病毒源无所遁形

“我们实验室一直致力于生物气溶胶的相关研究。”要茂盛介绍道。在新冠病毒疫情暴发的背景下，团队得益于国家自然科学基金委员会应急基金的支持，开启了针对气溶胶传播呼吸系统感染疾病的研究。团队克服各种困难，成功创建了现场生物气溶胶的快速监测体系，实现了对新冠病毒气溶胶的人体和环境监测预警，为监测和防控新冠病毒疫情提供了有力的技术支撑和科学依据，产生了深远的积极影响。

同样是气溶胶，非生物气溶胶有硫酸液颗粒、硝酸液颗粒、沙尘颗粒等，而生物气溶胶则是指那些携带微生物颗粒的空气成分。这些微生物颗粒有自身的特性，如感染力和毒力，其生物、物理和化学性质对呼吸道感染均有非常重要的影响。

要茂盛强调，“气溶胶传播就是我们常说的空气传播，包括流行性感冒等许多病原体感染疾病都可能通过气溶胶进行传播。”他进一步解释，人群具有一定的免疫能力，当吸入可染病气溶胶数量较少时，通常不足以引发疾病；然而，一旦大量吸入可致病气溶胶，且人体免疫屏障被突破，气溶胶传播便会造成感染。

他还详细阐述了不同环境下气溶胶传播疾病存在的差异性。在户外环境中，由于空气具有强大的稀释能力，气溶胶传播疾病的概率相对较小；而在室内的半封闭空间中，如果有人呼出病原体浓度较高的气溶胶，且短时间内无法得到快速稀释，便可能造成该空间内人群的感染。这个道理就像是在户外与室内吸烟一样，前者的烟味消散很快，而后者则可能持续很长时间仍然可以闻到烟的味道。

尽管上述理论有较强的说服力，但在新冠病毒疫情早期，气溶胶是否为主要传播途径，却在世界范围内存在争议。2020 年 3 月 30 日，世界卫生组织对冠状病毒会通过空气传播一说给予辟谣，表示根据当时的证据，新冠病毒不会通过空气传播。这些错误的政策归根于针对气溶胶传播没有先进的技术方法。

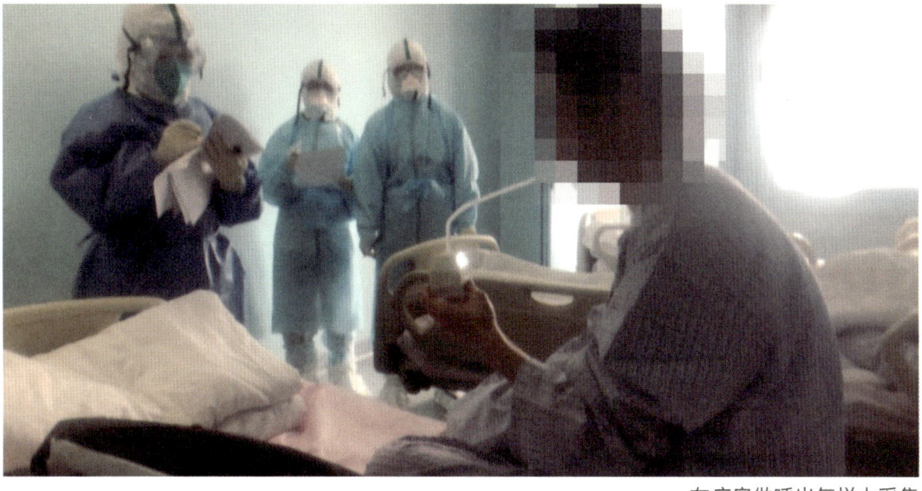

在病房做呼出气样本采集

关于飞沫与气溶胶的区别，即气溶胶的界定，要茂盛指出，在医学界和环境科学领域存在争论。在环境科学领域，粒径小于 100 微米的颗粒被界定为气溶胶；而在医学界则认为粒径大于 5 微米的是“飞沫”而不是气溶胶，只有粒径小于 5 微米（相当于 0.005 毫米）的才叫气溶胶。

他进一步解释，“飞沫其实可以理解为浓度比较高的气溶胶”。所谓的飞沫传播，实质上就是高浓度的气溶胶传播，这种传播方式对人群而言被感染的概率较大。

要茂盛团队在国家自然科学基金资助项目的资助下，利用团队研发的 BioSTAND 和 ACW（Air-nCov-Watch，空气中新冠病毒现场快速检测系统），针对气溶胶传播新冠病毒进行了深入细致的研究。他们不仅证实了人体呼出气溶胶是新冠病毒传播的重要机制之一，还实现了通过生物气溶胶采样、监测可对新冠病毒疫情传播进行预警。更为重要的是，他们发现了新冠病毒气溶胶感染的呼出气挥发性有机物标志物，并成功创建了新冠病毒快速筛查系统。

深入抗击疫情的第一线

新冠病毒暴发早期，许多人转为了居家办公，要茂盛团队也是如此，但他们深知，自己的研究对于揭示病毒传播机制、控制疫情蔓延具有至关重要的意义。

要茂盛介绍，即使已经进入了居家状态，但仍没有忘记自己的专业技术能力。随后，他便临时在家里建立了实验室，希望在疫情防控中发挥力量。虽然无法到达武汉，但团队毫不懈怠，迅速联系各方进行协调，租用专车将在临时实验室创建的 ACW 设备于 2020 年 2 月底运往武汉抗疫第一线，再通过电话及网络方式，远程“遥控”设备的运行。

这套 ACW 设备运抵武汉后，立即投入新冠病毒气溶胶监测工作中。为了避免人员交叉感染，采集的任务交给了“机器人”。这些携带着气溶胶采集装置的“机器人”，在有确认患者的医院走廊中缓缓行进，默默地执行它们的使命。它们将采集到的环境空气样本送往指定地点，工作人员收集样品在实验室进行气溶胶样本分析。

要茂盛团队根据这些样本进行了深入的数据分析，并有了重要发现。他们发现在医疗环境每立方米空气中检测到 20～200 个新冠病毒核酸，同时通过对新冠病毒感染者呼出气的分析，发现呼吸早期每小时排放新冠病毒可达数百万个，这一成果是首次证实人体呼出的气溶胶是新冠病毒传播的关键证据。

这一发现不仅引起了国内外学术界的广泛关注，还被美国科学院院士 Kimberly A. Prather 在 *Science* 刊物中引用，作为气溶胶传播新冠病毒的关键证据之一；美国哈佛大学教授 Rajesh T. Gandhi 则在新英格兰医学杂志 *NEJM* 刊物的开篇引用其为人体排放新冠病毒的关键文献。

此后，要茂盛联合近 40 位顶级科学家在 *Science* 发文呼吁全球作出历史性抉择：防控室内气溶胶传播呼吸系统感染疾病。

在得到关键证据后，世界卫生组织也终于在 2021 年 4 月 30 日以官方身份对外承认了气溶胶传播新冠病毒的结论，但这已经是在发生疫情约一年半之后。这不仅是对要茂盛团队研究成果的肯定，更是对全球疫情防控工作的重要指导。世界卫生组织相关技术主管卸任时，曾表示非常遗憾没有更早地认识到气溶胶对新冠病毒的传播作用，否则可以更好地采取措施，挽救更多的生命。

冬奥赛场保障再显身手

2022 年北京冬季奥运会期间，我国在多个领域展示了重要的先进科技成果，其中，通过环境监测实现疫情预警技术也在冬奥会的保障工作中亮相。

相较于给人做核酸检测，通过空气监测新冠病毒无疑是一项更为艰巨的任务。由于气溶胶样本体积大，单位体积空气中的病毒载量远低于从人的咽喉或呼出气直接采样，同时病毒 RNA 稳定性差，这就要求收集方法必须高效，检测方法必须灵敏。

要茂盛团队研发的气溶胶采集器，凭借外形小巧轻便的特点，非常适合在热身室、裁判室等狭小密闭空间中使用。这款采集器在 30 分钟内就能采集 12 立方米内的气溶胶，并将其收集到采样管中，为后续的病毒监测提供可靠的样本来源。冬奥会期间，要茂盛团队研发的采样器在 17 个冬奥场馆内执行新冠病毒气溶胶采样任务，并检测到了新冠病毒。这一发现对于及时追踪潜在感染者、防止疫情扩散具有重要意义。

这些气溶胶监测设备会在运动员离场后，立即对空气中的气溶胶情况进行监测。一旦检测到气溶胶呈现新冠病毒阳性，即可通过运动员携带的电子手环迅速追踪到本人。同时，有针对性地对环境进行消杀，以便避免发生进一步的感染。这种锁定目标人群，防止疫情扩散的方式，可以说是提前掐灭了疫情的“苗头”，为冬奥会的顺利进行提供了有力的保障。

从“监测环境”转向“监测人”

在深入研究新冠病毒气溶胶传播的过程中，要茂盛团队不断取得突破，从病毒排放到病毒气溶胶分析，再到病毒气溶胶吸入健康效应的早期预警，此后又发现了新冠病毒气溶胶感染的呼出气挥发性有机物中存在标志物，并由此创建了新冠病毒快速筛查系统。要茂盛形象地比喻说，做好气溶胶暴露预警，就像在“人体着火”前就能找到起火原因一样重要，通过探测呼出气标志物“指纹”能真正做到“人体疾病烟雾报警”。

通过深入研究新冠病毒感染者的呼出气样本，要茂盛团队发现了呼出气中有丙酮显著降低、异丙醇显著升高的特点，随后又发现了 12 种具备标志物意义的关键挥发性有机物。这意味着，只要在呼出气中检测到这 12 种挥发性有机物的“指纹”和新冠病毒感染者的相似，就可以断定是新冠病毒感染。这一发现，使得呼出气样本也能够像血液、尿液等样本一样，用于分析人体的疾病状态。在此基础上，要茂盛团队还实现了 5～10 分钟可检测一个样品的快速检测效率。如今，要茂盛团队结合无机小分子化合物方法，这一检测效率更是达到 40 秒之内，是目前世界上最快的病原体筛查速度。

除了针对新冠病毒的检测，要茂盛团队还研发了扫描检测其他病毒感染的检测设备。目前可针对 8 种气体标志物筛查病原体感染，这套气体标志物筛查设备也早已在医疗检测中得到示范使用，未来要茂盛团队希望能同时筛查上百种病原体，真正做到病原体安检。

除了气溶胶研究，要茂盛团队也一直从事快速检测病原体感染的研究。在一例儿童患者感染后出现呼吸急促甚至已经病危，但仍始终查不出病因的案例中，要茂盛团队利用现场快速病原体检测系统，成功判断为军团菌感染，为患者得到及时对症救治提供了关键信息。

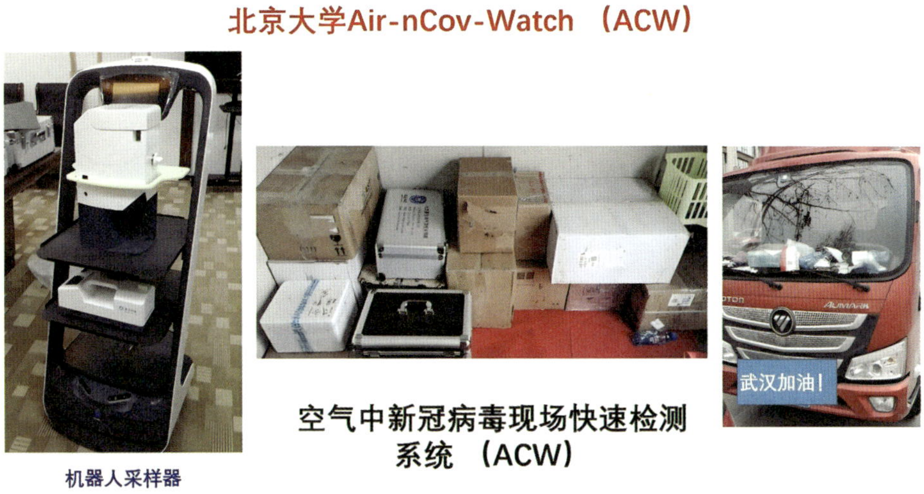

由北京大学研发的空气中新冠病毒现场快速检测系统

要茂盛强调，“呼出气中的标志物就像疾病自身携带的‘指纹’一样独特而重要。”要茂盛团队开发的相关设备对疾病早筛有巨大的潜力，不仅可以用于针对新冠病毒的检测，还可以拓展到慢阻肺、各种癌症、阿尔茨海默病等其他人体疾病的早期检测中。他认为，疾病早筛就像对地震进行监测一样，通过早预测、早预警，可以避免针对人体发生的问题，为人们的健康保驾护航。

展望未来，要茂盛表示，团队的创新方法还将应用于更为广阔的场景中。目前相关的方法已经应用在利用大鼠实时探测空气的毒性和健康效应上。他们将继续深入研究呼出气中的标志物与疾病之间的关系，不断推动基于呼出气的疾病早筛技术的创新、发展与应用，为人类健康事业贡献力量和智慧。

获奖情况

气溶胶传播呼吸系统感染疾病的研究

自然科学奖一等奖

走近狄拉克材料 探索新型电子器件

撰文 / 王安琦

半导体芯片作为基础性、先导性和战略性产品，是国民经济发展的重要支撑。随着器件集成度越来越高，功率密度大、芯片发热以及量子涨落效应等成为制约集成电路发展的瓶颈。探索新型半导体材料提高载流子迁移率，利用新的量子自由度构筑新原理器件，是突破半导体芯片瓶颈的关键。狄拉克材料拥有线性色散的狄拉克锥，能够表现出如背散射被抑制、超高载流子迁移率等诸多优异的量子特性，有利于发展低功耗、高可靠性的新一代电子器件，从而突破传统器件极限。

狄拉克半金属是一种典型的狄拉克材料，与传统半导体材料相比，具有超高迁移率、受拓扑保护、自旋自由度可控等优势，在低功耗器件、自旋电子器件、拓扑量子比特等方面具有广阔的应用前景。然而，常见的狄拉克半金属块状材料，通常掺杂严重、费米能级远离狄拉克点，且很难进行电学调控，这给量子效应的观测与器件构筑带来了巨大的挑战。

针对这一问题，北京大学物理学院廖志敏团队牵头完成了“狄拉克材料的载流子输运调控及新原理器件效应研究”项目，荣获 2023 年度北京市科学技术奖自然科学奖一等奖。有别于传统的狄拉克半金属块状材料，该项目聚焦狄拉克半金属单晶纳米材料，利用其载流子浓度低、比表面积大、栅极电压可控的优点，深入研究其中的新奇量子态，以及纳米结构与超导体异质结中的量子输运现象。该项目的一系列原创性研究进展，揭示了不同维度拓扑量子态引起的新奇量子效应，拓展了低功耗新型信息器件体系，对推动拓扑材料物性的基础研究贡献显著，有力地促进了后摩尔时代新原理器件的技术创新与发展。

在晶体中探寻外尔费米子的踪迹

1929 年，德国科学家外尔预言了手征外尔费米子的存在。外尔费米子在标准模型理论中有着重要作用，然而在高能物理实验中却从未被真正观察到。理论预测狄拉克半金属在时间反演对称性破缺的情况下，会产生外尔费米子元激发，然而块状材料因为缺陷造成严重的载流子掺杂，使得外尔费米子难觅踪迹。

面对这一棘手挑战，廖志敏团队率先制备了高质量的单晶狄拉克半金属砷化镉纳米线，该纳米线具有较高的载流子迁移率，最重要的是载流子浓度比块状材料低两个数量级，费米能级能够被栅压调控。得益于材料的费米能级位于狄拉克点附近，廖志敏团队在磁场与电流平行的情况下，观测到了外尔费米子手征反常导致的负磁电阻效应，揭示了外尔费米子在晶体中的元激发行为。廖志敏团队在砷化镉中发现的外尔费米子手征反常导致的负磁电阻现象，是国际上 2015 年发表的外尔费米子手征反常效应的三个主要工作之一。其他两项研究分别来自美国科学院院士、普林斯顿大学 Ong 教授课题组和中国科学院物理研究所研究团队。

揭开低维量子态的神秘面纱

近年来，物质的拓扑态拓展到高阶拓扑态，狄拉克半金属砷化镉被预测为一种高阶拓扑半金属，即拥有三维体狄拉克费米子、二维费米弧表面态和一维拓扑棱态。受拓扑保护的低维电子态，包括二维表面态和一维棱态，有助于突破传统器件极限，推动新一代低功耗和高可靠性器件的发展。然而在实际实验中，由于

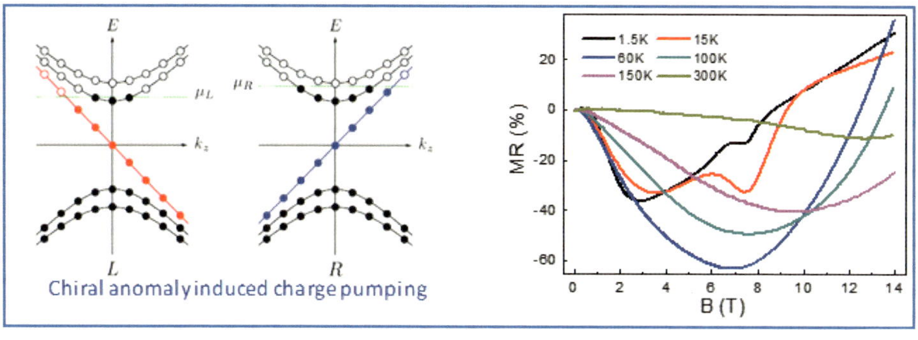

外尔费米子手征反常导致的负磁电阻效应

左：外尔半金属中手征反常效应示意图；右：在 B//E 情况下，砷化镉纳米线中测量到的负磁电阻效应

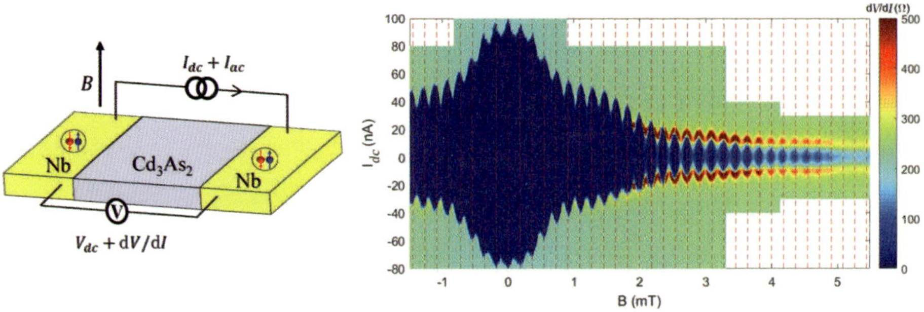

一维拓扑棱态的超导电流输运
左：Nb-Cd_3As_2-Nb 约瑟夫森结及输运测量示意图；右：结长为 1 微米的器件中观测到的 SQUID 干涉图样

存在较大的体态电导，拓扑表面态和一维棱态的输运性质很难被观测到。

廖志敏团队利用低维狄拉克半金属的本征载流子浓度低、比表面积大、易于栅压调控的优势，克服了高体态电导掩盖表面态信号这一挑战，揭示了表面态输运的拓扑特性。利用纳米线的量子限制效应，廖志敏团队在砷化镉纳米线中发现了表面态的 AB 量子振荡效应，揭示了 Berry 相位 π 对 A-B 量子干涉效应的影响及门电压调控规律，证实了狄拉克半金属表面态的拓扑特性。

廖志敏团队进一步在砷化镉纳米线中发现了离散的表面态量子能带与连续体态之间的 Fano 干涉现象，还制备了超薄的砷化镉纳米片，利用量子限制效应使得其体态打开能隙，观测到起源于表面态的奇整数平台的量子霍尔效应。

为了揭示一维拓扑棱态的输运性质，廖志敏团队还制备了 Nb-Cd_3As_2-Nb 约瑟夫森结。利用不同导电通道的近邻超导相干长度的不同，通过改变约瑟夫森结的长度，实现了不同通道传输的超导电流的过滤效应。实验发现，当结区长度由 500 纳米增加到 1 微米时，超导临界电流随磁场变化的干涉图样由 Fraunhofer 图样变为超导量子干涉器件（SQUID）图样；观测到的 SQUID 干涉图样表明超导电流是沿着约瑟夫森结的一维棱态传导的；这一发现为狄拉克半金属砷化镉中一维拓扑棱态的存在提供了有力的实验证据。

自旋电子器件：开创电子技术新时代

自旋电子器件是一种利用电子自旋自由度进行信息处理和存储的技术。与传统电子器件主要依赖电子电荷自由度不同，自旋电子器件通过操控电子自旋的状态（如“上”或“下”）来实现更高效的数据传输和更快的计算速度。这种技术具有低功耗、高速和更强的抗干扰能力，因而在下一代计算机、存储设备和量子计算中展现出广阔的应用前景。

作为一种典型的自旋电子器件，自旋阀通过调控电子自旋的排列状态，利用不同的电阻实现数据存储和读取，具有显著的灵敏度和低功耗。随着电子设备向更小、更快的方向发展，人们对于高性能、薄型自旋阀器件的需求日益增加。

廖志敏团队揭示了石墨烯中狄拉克费米子在垂直于平面方向的输运特性，发现了电流垂直石墨烯平面时高达 100% 的磁电阻效应；构筑了钴 / 石墨烯 / 钴垂直结构，利用石墨烯分隔上下两铁磁层，实现了室温工作的自旋阀器件，将自旋电子器件推向原子级厚度。

自旋场效应晶体管是另外一类自旋电子器件，它是基于自旋的注入、电场调控的自旋进动以及自旋的探测来形成场效应晶体管的开关切换，从而模拟 0 和 1 的转换，但是如今存在的自旋场效应晶体管存在三大缺陷：第一，目前的最小通道长度仅为 1 微米，远远达不到大规模集成电路的要求，至少要达到 10 纳米甚

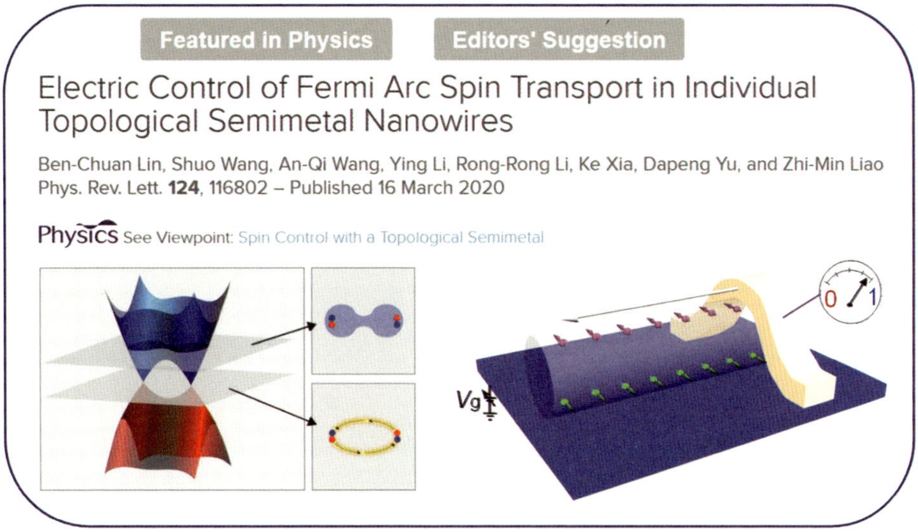

基于砷化镉纳米线的自旋极化场效应管
左：体费米能级调制拓扑表面态；右：电荷流诱导自旋极化电流

至 1 纳米水准的通道长度才能满足如今的工业要求；第二，开关比特别低，最高不过 500；第三，仍然存在功耗较大的问题。

利用拓扑表面态的自旋－动量锁定特性，廖志敏团队在砷化镉纳米线中实现了电流诱导的自旋极化，以及栅压调控的拓扑相变。基于这些新发现，团队研制了自旋极化电流的场效应管。相比传统晶体管及自旋场效应晶体管，此自旋极化场效应晶体管由于自身的拓扑保护特性，其中电子的传输不受背散射影响，从而能大大减少热量的产生，极大降低功耗；同时打破了传统自旋场效应晶体管中沟道长度 1 微米量级的限制，其开关比超过 2000，高于传统自旋场效应晶体管两个数量级。该工作以编辑推荐的形式发表于物理学领域顶刊 *Physical Review Letters*，并在 *Physics* 期刊上以 *Spin Control with a Topological Semimetal* 为题进行了亮点介绍。

实现拓扑量子计算，我们在努力

进入信息技术时代，计算机在日常生活和科学研究中的作用越发重要，人们对计算机的处理能力需求也越来越高。量子计算机利用量子力学的原理，可以显著提升计算效率。不过，目前在开发可靠的商业化量子计算机时，仍面临不少技术难题，比如“退相干”问题：多个量子比特的纠缠状态很容易受到环境噪声的影响，这会降低计算的准确性，增加出错的概率。

在众多量子比特物理体系中，拓扑量子比特具有退相干免疫，以及更高的容错性等优点，成为智能时代提升算力的关键。理论表明，马约拉纳零能模满足非阿贝尔任意子统计规律，是实现拓扑量子计算的最主要路径之一。而如何有效调控马约拉纳零能模的产生和消失是当前拓扑量子计算领域面临的一个重要挑战。

拓扑表面态与 s 波超导体的耦合会呈现出拓扑超导电性以及马约拉纳零能模，是构建拓扑量子比特的理想平台，引发了全世界极大的研究热情。廖志敏团队制备了砷化镉纳米线与超导体 Nb 的约瑟夫森结，在吉赫频率的微波辐照下，测量异质结的 *I-V* 响应曲线，得到了一系列的电压平台 $Vn = nhf/2e$，即夏皮诺台阶（Shapiro steps）；实验发现位于奇数值的电压平台的消失，只出现位于偶数值的电压平台，与理论预期的 4π 周期的超导电流一致，是拓扑超导电性的一个重要实验特征。

廖志敏团队进一步利用量子限制效应调控体系能隙的开闭，在直径约 60 纳米的狄拉克半金属砷化镉纳米线中，通过栅压调控费米面位置，当调至电子端时，由于砷化镉中电子平均自由程与纳米线截面周长相当，量子限制效应打开表面态能隙，线性色散的能带劈裂为一系列有能隙的子能带；当费米面调至空穴端时，空穴平均自由程远小于纳米线截面周长，不受量子限制效应的影响，仍保持无能隙态，这样就实现了栅压调控的拓扑相变。

基于这一发现，廖志敏团队在狄拉克半金属砷化镉纳米线－超导体异质结中，实现了栅压调控的拓扑超导相变，为马约拉纳零能模的栅压调控以及拓扑量子比特的构建奠定了基础。与传统的半导体近邻体系相比，这种在狄拉克半金属纳米线中实现的马约拉纳零能模栅压调控方法具有多重优势。该系统中马约拉纳零能模的产生不需要额外加磁场，这样一来近邻的超导体种类就大大增加；同时这里的马约拉纳零能模可以在较大的门压范围内稳定存在，不需要精准的门压调制，有利于实现规模化的拓扑量子比特。

获奖情况

狄拉克材料的载流子输运调控及新原理器件效应研究

自然科学奖一等奖

从零到领先：中国高能物理的“超级心脏”如何筑就

撰文 / 段大卫

在现代物理学研究中，大型粒子加速器扮演着至关重要的角色。这些大科学装置在基础科学研究中发挥着核心作用，对提高国家实力和推动科技发展起到了极为关键的作用。

1972 年 8 月，张文裕、朱洪元、谢家麟等 18 位科技工作者给周恩来总理写信，反映对发展中国高能物理研究的意见和希望，强调发展高能物理的重要性。1972 年 9 月 11 日，周恩来总理在《关于建设中国高能加速器实验基地报告》的复信中指示：“这件事不能再延迟了。科学院必须把基础科学和理论研究抓起来，同时又要把理论研究与科学实验结合起来。”

超导腔是大型加速器的“心脏”和“发动机”，国内外基于大型加速器的大科学装置几乎全部采用超导腔加速系统。超导腔系统是加速器中的核心部件，它利用超导材料在低温下电阻为零的特性，以极低的能耗产生高电场或磁场，从而加速带电粒子。超导腔系统的优势在于其高效率和高性能，能够以较小的功率输入实现较高的加速效果。

历史的重任落在中国科学院的肩上，这不仅是对科研工作者的号召，也是对未来科技发展方向的明确指引。在此激励下，潘卫民和他的团队在中国科学院高能物理研究所（IHEP）辛勤耕耘，接连主持和参与了多个项目的研究，取得多项国内外首创成果。

高能所的超导腔探索

中国科学院高能物理研究所在加速器中采用超导高频腔的想法始于 1995 年的陶 - 粲粒子工厂的可行性研究。在这项研究中，加速器采用超导高频腔还是常温高频腔的问题成为论证焦点。潘卫民回忆道：“尽管当时高能所对超导高频腔几乎一无所知，只是从国外的文章中了解了一些皮毛，但超导加速器的采用是未来的发展趋势，这一点没有疑问。”

在这种情况下，高能所开始了加速器高频系统的论证，重点论证超导方案，包括超导腔本身以及高功率输入耦合器和高次模耦合器的方案。经过两年的调研和方案讨论，对超导高频腔的国际发展动态、研发的难点和挑战、稳定运行以及运行费用和维护等问题进行了深入的调研。这项论证性研究工作历时两年，但由于陶－粲粒子工厂项目的研究中止，超导高频腔的前期研究也随之告一段落。

随后，高能所开始了北京正负电子对撞机重大改造工程（BEPC Ⅱ）的可行性研究。在这一过程中，高频系统的重要性不言而喻，无论是对于过去的北京正负电子对撞机（BEPC）还是即将开始建设的 BEPC Ⅱ。潘卫民介绍说：“当时，超导腔作为发展方向和国际前沿技术，高能所没有真正做过，也没有用过。”专家们也在不断提问超导腔在功率节省、技术挑战以及运行能力等方面的问题。高能所花费了大量时间进行调研和超导高频系统的预研工作。“特别是超导高频腔的物理及系统工程设计，我们深感责任重大。”潘卫民说。

在 BEPC Ⅱ的决策过程中，经过深入的论证和考量，工程经理部最终决定采用超导高频系统。这一决策意味着 BEPC Ⅱ将使用两个 500 兆赫的超导高频腔来实现加速，而如果选择常温腔，则需要六个。500 兆赫的频率是国际上广泛使用的主力腔型，其对应的高频功率发射机也是成熟的商业产品。

为了实现这一技术方案，中国科学院高能物理研究所与日本高能加速器研究机构（KEK）签订了合作框架协议。根据协议，日本三菱重工负责 500 兆赫超导腔的研制工作。2006 年，BEPC Ⅱ的两套 500 兆赫超导腔系统完成了系统集成，并在高能所进行了测试，测试结果完全满足了 BEPC Ⅱ的要求。这是中国第一套投入实际工程使用的超导腔系统。

两套超导腔系统虽然研发出来了，但严格意义上说，是日本研制的腔。从世界上超导腔的运行经验和历程看，超导高频腔的故障带有一定的突发性，有故障就不得不停机一年以上，因此，一定要准备备用腔。从长远来看，我国要有自主研发超导腔的能力，这样就面临一个严峻的问题：敢不敢和能不能自主研发自己的 BEPC Ⅱ备用超导腔。“这事来不及多想，因为时间不等人，更何况超导高频技术是加速器前沿技术，掌握核心部件制造工艺和总体集成技术可突破国外垄断，这也是我国独立自主、掌握核心技术的必由之路。”潘卫民说。

这件事的背景和意义的重要程度自不必说，实际上，潘卫民团队面临的更多的是能不能拿下这个项目，能不能做出我国自主研发的射频超导腔。“别人问团队，团队也在问自己，这回是真刀真枪了，又是大家都在关注的项目，成功了，皆大欢喜，失败了，这个团队乃至个人的能力将会遭到怀疑。”潘卫民团队清楚地知道，虽然困难重重，但他们必须自主研发出关键技术和核心系统，拥有独立的自主知识产权，否则就有可能被“卡脖子”。

在名誉和国家利益面前，潘卫民选择了后者，义无反顾地担起了这个任务。经过团队几年的刻苦钻研，他们攻克了大量关键技术难关，如腔系统的物理和工程设计、腔体电子束焊接、化学抛光、垂直测试等，取得了一系列突破性进展，最终造出了我国第一套 500 兆赫超导腔系统。同时，又研发出高功率耦合器、高次模吸收器、恒温器等，组成了 500 兆赫超导高频腔组元系统，进行了系统的水平测试，测试结果与世界领先水平相当。

超导腔研发完成，也测试出了优异的结果，但它能否在实际中投入使用？对于这个问题，团队要等待一个验证的机会。2017 年 10 月，经过一个月的隧道安装和调试，500 兆赫国产超导腔被同意正式投入 BEPC Ⅱ运行。“令人惊喜的是，性能超乎想象的好。 运行几个月下来，电子束流被加速到了几百毫安，而且没有任何故障，迄今 7 年，这个腔及其系统依然性能优异，是名副其实的强流电子束的超导腔系统，承载着 1.1 安培的电子束流强的运行，支撑着 BEPC Ⅱ取得了许多世界级的发现，这也是目前我国唯一在大科学装置上长期稳定运行的系统。”潘卫民说，鉴定专家组的意见是这样写的：这标志着国产超导腔首次代替进口超导腔在大科学装置上实现了长期稳定运行，标志着我国 500 兆赫超导腔系统技术实现了突破，跻身世界少数几个能够成功研制 500 兆赫超导腔系统的国家之列。

PAPS 在超导腔技术研发中的关键作用

技术的发展并非孤立事件，而是需要持续的创新和实验平台的支持。在这一背景下，怀柔先进光源技术研发与测试平台（PAPS）应运而生，成为推动超导腔技术发展的关键力量。PAPS 是北京市发展和改革委员会批复的第一批院市交叉平台项目之一，该项目在加速器技术及 X 射线技术领域发挥着重要作用。PAPS 包含加速器技术创新研究和 X 射线技术创新研究两个分平台，旨在实现先进光源技术的快速开发、验证和改进，支撑科技创新，并搭建实验室结果与工业化的桥梁，有效推动相关学科和技术的发展。

PAPS 的加速器技术创新研究分平台由超导高频系统、低温系统、精密磁铁系统、束流测试系统四部分组成。这些系统共同工作，每年可以进行 200～400 套超导腔 / 耦合器测试，以及 12～20 台恒温器的集成与测试，为超导腔系统的研制和测试提供了强有力的支持。在 X 射线技术创新研究分平台上，PAPS 分为 X 射线光学、X 射线探测和 X 射线应用三个部分，进一步扩展了平台的研究和测试能力。PAPS 的科学目标是建设成为具有国际一流水平和国际影响力的先进光源核心技术的研发平台，为高能同步辐射光源工程如期建成、实现预期设计指标提供研发及工程化测试与验证的基础和条件。

在潘卫民的带领下，团队为满足国家战略需求，坚持自主创新，瞄准国际最高水平全力攻坚，实现了比原有的掺氮工艺更为先进的中温退火高品质因数超导腔模组技术路线，满足了我国相关大科学工程的迫切需求。历时近 3 年，团队完成了我国首台高品质因数 1.3 吉赫 9-cell 超导加速腔的研制、总装和整体调试，1.3 吉赫 9-cell 超导加速腔的性能超过了上海硬 X 射线自由电子激光装置（SHINE）、美国直线相干光源二期（LCLS- Ⅱ）及其能量升级项目（LCLS- Ⅱ -HE）的超导腔设计指标，平均 Q 值优于 LCLS- Ⅱ -HE 掺氮超导腔。

依靠潘卫民团队的技术攻关，1.3 吉赫 9-cell 超导腔的中温退火工艺取得了重大突破和创新成果，具有完全自主知识产权。美国康奈尔大学 Padamsee 教授主编的射频超导经典教材，重点介绍了 1.3 吉赫 9-cell 超导腔中温退火工艺的优势和工程意义，使之成为新入行者必读的内容。费米实验室的 Muon g-2 项目也采用了中国的中温退火技术，这充分说明了对此项技术的认可。

这项成果创造了高性能超导腔的世界纪录，使我国高性能 9-cell 超导腔技术跨入世界前列。该成果为我国高 Q 值 1.3 吉赫 9-cell 超导腔的批量制造奠定了坚实基础，也为我国建设国际领先的高重频自由电子激光装置和未来高能正负电子对撞机提供了新的工艺方案。

超导腔技术的创新与合作

“大型粒子加速器多频段高性能超导腔系统的自主创新研发及工程应用”是我国在超导腔技术发展历程中的一个重要里程碑。通过坚持不懈的自主研发，我国已经迈进了世界领先行列，为国内外建设领先的高重频自由电子激光装置和大型环形正负电子对撞机提供了创新方案。这一成就不仅满足了国家重大需求，而且成果已广泛用于国内加速器大科学装置，强有力地支撑了国际前沿装置的建设和其领先性能，为我国进入超导加速器世界第一方阵作出了突出贡献。

在这一历程中，潘卫民团队发挥了关键作用。从初期的国际合作与学习，到自主研制 500 兆赫超导腔的成功运行，再到 1.3 吉赫超导腔的技术突破，每一步都体现了中国科研人员的努力和创新精神。这些成就不仅提升了中国在超导腔系统领域的技术水平，也为国内外多个大型科学装置提供了关键技术支持，标志着中国在这一领域的国际竞争力。潘卫民团队通过不断的技术创新和国际合作，有

1.3 吉赫 9-cell 超导加速模组

望在超导腔系统领域取得更多的突破，为全球科技发展作出更大的贡献。

在讨论技术发展与国际合作的重要性时，潘卫民强调：“我们必须保持开放的心态，积极学习国外的先进技术，同时分享我们的成果。技术领域需要的是相互启发，共同进步，而不是闭门造车。”他提到，通过国际交流，不仅可以引进外部的先进技术，还可以将国内的研发成果推向世界，实现共赢。同时，潘卫民也提醒说，尽管取得了一定的成就，但科技发展的道路永无止境，“我们不能因为一时的成功而自满，必须持续投入，不断探索新的科技高峰。”他认为，只有通过不断的学习和竞争，才能保持技术的领先地位。“技术的竞争是推动进步的重要动力。我们应该鼓励更多的科技人员投身于创新研究，同时也要积极参与国际科技合作，共同推动全球科技进步。”潘卫民说。

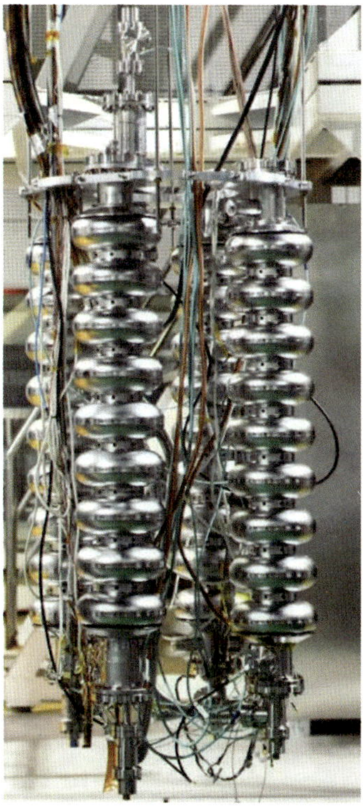
1.3 吉赫 9-cell 超导腔

2023

获奖情况

大型粒子加速器多频段高性能超导腔系统自主创新研发及工程应用

科学技术进步奖一等奖

捕捉转瞬即逝的微表情
探索人类情绪背后的秘密

撰文 / 李晶

美剧 *Lie to Me* 中的主角卡尔·莱特曼博士，是一位行为分析专家。他拥有一项特殊的能力，通过观察人的面部表情、身体语言以及语调等细节，能够识别出人们是否在撒谎，并运用心理学知识和对微表情的解读来还原事件真相。现实中，微表情真的可以捕捉吗？它究竟有怎样的表达机制？通过计算机科学与心理学的实质交叉，中国科学院心理研究所系统地研究了微表情的感知、表达和识别，为微表情自动识别建立了理论框架，推动微表情研究走向了新的发展方向。

从零开始，为国内微表情研究打牢根基

表情是情绪在面部的具象表现。心理学家认为，人的六种基本情绪分别是高兴、悲伤、愤怒、厌恶、惊讶、恐惧。这些情绪通过面部肌肉的变化形成表情，进而可以将内心感受传达给他人。

微表情同样是内心情绪的表达，但其持续时间极短，一般持续时间小于 500 毫秒，大部分只有 300 毫秒左右。如果要用一个词来形容，“瞬息之间”或许并不为过。这种闪现的面部动作不易察觉，但往往反映出个体的真实情绪，因而被认为是理解人类情绪的重要窗口。

微表情可以用于欺骗检测，其可通过非接触、无感知进行识别的特点，在司法实践、卫生防疫、临床医学等领域也有着极为广阔的应用前景。

2013 年，中国科学院心理研究所（以下简称“中国科学院心理所”）首次发布微表情数据库，填补了国内在微表情研究领域的空白。

当时，世界上仅有芬兰奥卢大学和中国科学院心理所建立并公开发布关于微表情的数据库，但样本量都比较有限。这两个数据库采用单一的视频录制加逐帧

标注的方式提取数据样本，样本量均只有 100～200 个。在随后的几年中，包括中国科学院心理研究所、英国曼彻斯特城市大学等机构也陆续发布了微表情数据库，但是样本量仍相对较小。

为解决微表情研究中的样本量少和采集难度大的问题，中国科学院心理所微表情应用研究中心（以下简称“该中心”）创新性地采用了增加数据维度和建立高生态效度微表情诱发范式的方法。这一方法有效提升了微表情数据库的样本量，使得该数据库成为世界上最大的多模态微表情数据库，为微表情的深入研究提供了坚实基础。

在深入探索微表情的研究中，该中心巧妙地设计了一套独特的实验方案。他们为实验参与者构建了一个特殊的实验场景，其中融入了心理压力元素。如在“模拟犯罪”的情景中，团队设置了钥匙、笔记本、行李箱等线索，实验参与者通过这些线索最终发现一个存有现金的抽屉。在这一关键时刻，实验参与者面临着是否拿走现金的道德抉择，从而在心理上产生波动。

接下来，实验参与者被要求穿上“犯罪嫌疑人”的橙色马甲，被带入一个模拟审讯室，在营造出的紧张氛围中接受“审讯”，这一系列的举动进一步加剧了他们的心理压力。在这样的环境下，即使实验参与者试图强装面无表情，也难以

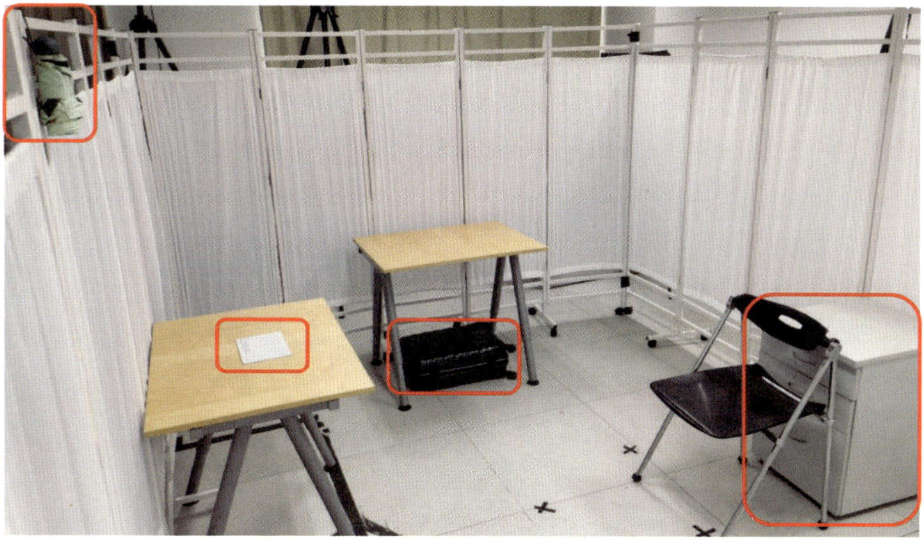

“模拟犯罪”的现场情况

实验参与者被要求穿上“犯罪嫌疑人”的橙色马甲

完全掩盖住内心真实的情感波动，从而诱发出微表情。

为了有较高的生态效度，也就是实验结果的普遍代表性和适用性，该中心会对实验参与者提出相关要求，即尽最大努力隐藏自己偷窃的事实；并且为了保证数据标注的准确性，在实验结束后，让实验参与者自己表述当时的真实情绪。

该中心通过构建类似的“真实”场景，诱发实验参与者的特定情绪，从而观察到对应的面部行为。这种方法为微表情研究提供了大量可参考的数据。在实验过程中，该中心会拍摄视频信息，记录实验参与者的面部表情变化。同时，团队还会使用深度相机采集每个物体的距离等有关场景设置的信息，由此增加对面部表情的立体化识别。

真实场景模拟和多维度数据采集相结合的方法，为微表情研究提供了更为全面和准确的数据支持。经过实验，团队发现增加物体距离的视觉维度后，在深度信息的帮助下，微表情识别反应速度和识别准确率均得到了显著提升。多模态视频采集技术所带来的研究进展，也为未来通过人工智能识别微表情提供了新的思路和方法。

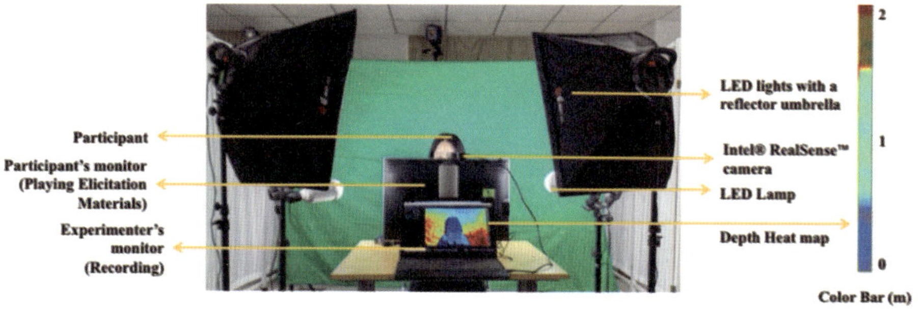

多维度数据采集现场

当时该中心共采集了 200 多位实验参与者的微表情数据。除了采集视频，还要对视频进行数据分析。专业编码人员耗时近两年的时间对这些微表情视频逐一进行了编码，标记出视频中发生微表情的时间区间、微表情的情绪类型等。在近 4 年的时间里，团队构建了超过 1000 个微表情的数据样本，并与普通表情数据汇成了数据样本超过 4000 个的可识别特殊微表情的数据库。该数据库可以对比同一个人在不同情境下的表情与微表情的差异。

人机识别，微表情识别系统的应用与拓展

目前，美国和欧洲部分海关已经采用了微表情的识别系统。通过系统可以鉴别过关人员或过安检的人员是否出现了表情异常，并根据微表情判断潜在的风险。

针对这一需求，该中心在收集了大量数据样本后，也正在不断拓展微表情识

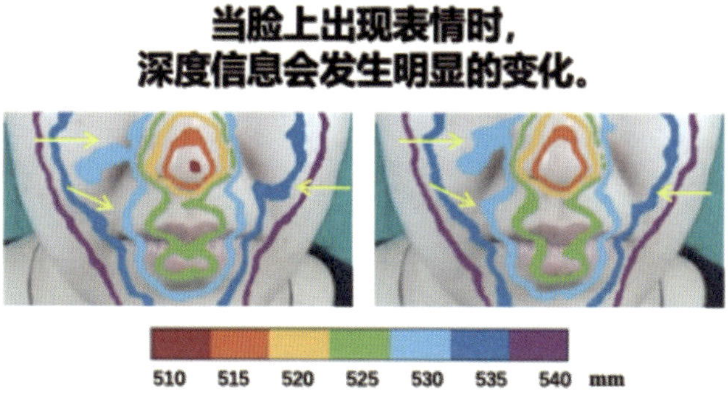

当脸上出现表情时，深度信息会发生明显的变化

别系统的应用领域。

第一步是建立微表情识别训练系统，用于提升个人的识别能力。

训练后，相关人员对紧张、压抑等典型情绪的微表情识别准确度得到提升，在原先识别率百分之十几的基础上，再度提升了 10% 左右。该系统的应用为提升异常情绪泄露检测的效率和准确性提供了有力支持。

第二步是建立表情实时监测系统。该中心在提高人对微表情识别能力的基础上，将人的识别能力与计算机算法结合，通过计算机检测出微表情可能发生的片段区间。在此基础上，对这些区间进行智能识别，实现了自动化的微表情实时监测，较为准确地推测出其真实意图。未来可能会像做阅读理解题一样，通过联系微表情的“上下文”，读懂真实情绪。

该系统的建立，为实时环境中捕捉和分析微表情提供了支持，可用于谎言识别、情感分析等领域。

对于机器识别，判断的难度与情绪类型的数量成正比，即需识别的情绪类型越多，判断的难度也会随之增加。一般来说，单纯判断情绪是正面或是负面的，机器识别的准确率可达 80% 以上。随着情绪类型的继续细分，让机器识别 6 种

中国科学院微表情识别训练系统和微表情识别训练系统（http://merts.psych.ac.cn）

情绪类型时，其准确率会降到 60%～70%。

为应对这一挑战，该中心预先采集了一批数据，并在同样的环境下为计算机赋予“先验知识”，如构建嘴角抽动与紧张或说谎之间的关系，以提高微表情的识别准确率。此外，为进一步提升微表情检测性能，该中心还发起并组织了国际微表情挑战大赛。大赛为每年一次，如今已经举办了 7 届。

长期的接触让研究人员对特殊人群的心理状态十分了解，也特别关注他们的心理需求。研究人员认为，微表情智能分析系统将会在心理状态评估等领域发挥独特的作用。如医疗场景下，针对重症监护病房（ICU）的病人舒适度进行监测。ICU 中有部分丧失言语功能的病人，他们不舒服时往往只是在表情或肢体动作上有轻微反应，通过捕捉微表情可以检测他们的舒适度，辅助病程监测和诊断。

在抑郁症、阿尔茨海默病等因大脑病变导致的精神类或心理疾病方面，患者的面部表情可能会异于没有功能性病变的人群。这种情况下，迁移微表情的分析技术，也有望实现异常表情的检测。

在中小学心理健康的检测方面，微表情监测可以替代传统的检测方式。佩戴

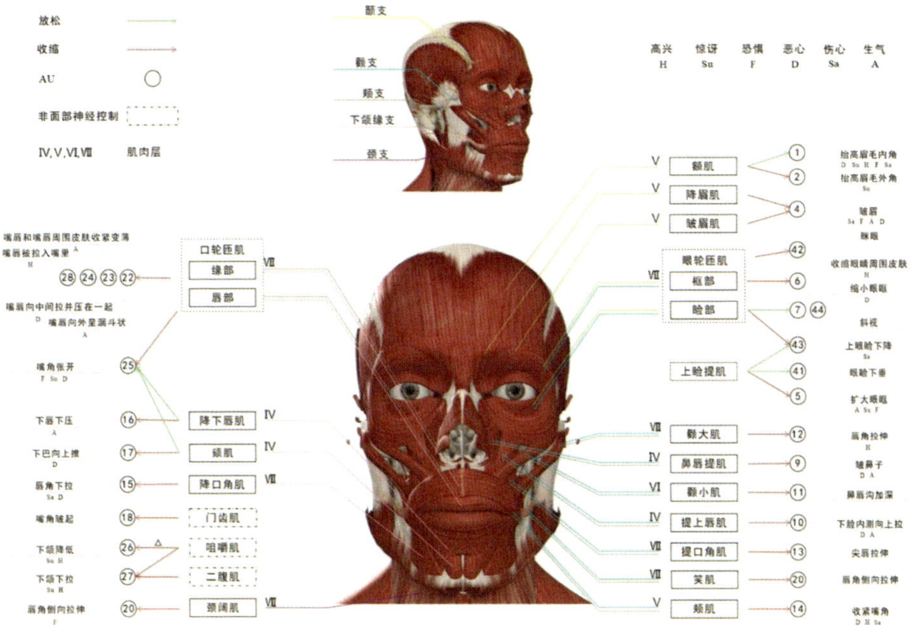

面部肌肉与表情的关联性

指套、手环及脑电波设备等传统的检测方式，会对实验参与者造成无形的心理压力。假设使用智能检测系统，则不再需要任何感知设备，只需要通过无接触的视频拍摄，更容易记录实验参与者的真情流露。

由表及里，捕捉微表情发生前后肌肉动作的电势差

面部表情由肌肉动作控制，微表情也不例外，如皱眉需要皱眉肌运动配合，微笑需要颧大肌运动配合……那么如果将面部肌肉动作体系与微表情的表现形成关联，是不是就可以识别这些微表情的真实情绪呢？

与常规表情相比，微表情的特点在于其短暂且无法完全控制。该中心认为，微表情就像是条件反射，并不经过大脑的主观控制。

为继续深入揭示微表情的机理，该中心由表及里，设计了肌肉动作与微表情的关系实验，初步了解了每块肌肉参与微表情时所发生的电流情况。参与这项实验的人员佩戴着一个可捕捉电势差的设备，设备将在肌电层面上捕捉肌肉运动前后的强度差异与持续时间差异，由此深入地了解微表情的机理，准确识别其背后的真实情绪。

该中心共采集了 300 多个表情样本，并进行了区分，其中，有 147 个微表情和 233 个宏表情（即普通表情）。由此，在微表情研究领域再次取得了重要进展，首次从肌电层面对微表情进行了量化描述。这一工作验证了学术界的假说，为微表情的深入研究奠定了基础。

在量化描述的基础上，该中心将进一步从脑机制层面探究微表情的触发机理，以揭示其背后的神经生理学原理。此外，为更好地进行数据采集，也正在

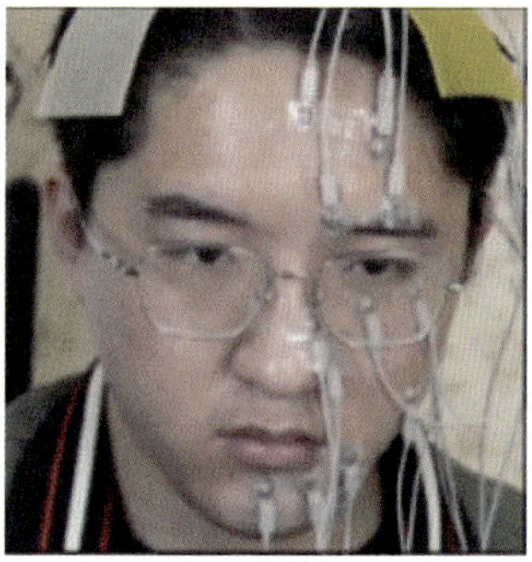

在肌电层面上开展微表情研究

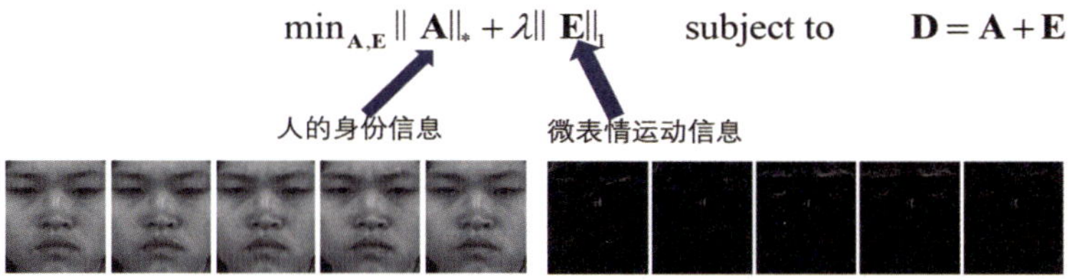

基于鲁棒主成分分析的身份信息去除方法

尝试轻巧便携的柔性电子贴片，以便更好地贴附皮肤表面，实现高效率高精度的数据采集。

稀疏矩阵，同时实现身份隐藏与微表情捕捉

在高风险环境下，如何能够保护个人隐私，是对该中心提出的新挑战。在公共安全和国家安全领域，微表情的应用日益受到重视。然而，这一过程中涉及目标人物的隐私问题，这是一个非常敏感的话题。为了应对这个问题，该中心提出了一种创新的解决办法——基于鲁棒主成分分析的身份信息去除方法。

具体来说，这种方法将微表情视频巧妙地分解成了两个部分：一个是低秩矩阵，它主要代表与身份相关的信息；另一个是稀疏矩阵，它则代表微表情的运动信息。在提取微表情的主要特征时，项目组重点利用了稀疏矩阵，从而实现了对微表情的精准识别。

这样做的优势在于，它既能有效过滤掉那些和微表情识别无关的身份信息，避免了这些信息的干扰，又能够很好地保护目标人物的隐私和安全。特别是在分析特定人物微表情的应用场景中，这种方法显得尤为重要。

经过实践检验，该中心认为该方法成功地在技术需求和隐私保护之间找到了平衡点，是一个既实用又高效的解决方案。

获奖情况

微表情表达机制与稀疏深度运动感知研究

自然科学奖二等奖

新发现开辟肝癌治疗新路径

撰文 / 罗中云

癌症可谓是人类面临的重大健康威胁，也是当前全球主要的公共卫生问题。近年来，由于饮食、环境、人口的老龄化等因素，全球癌症发病率不断增加，死亡率也长期居高不下。以我国为例，仅在 2016 年，各类型癌症死亡总人数就达 241.4 万人，其中肺癌死亡人数 65.7 万人，人数最多，排第二位的是肝癌死亡人数，达到 33.6 万人。尤其是肝癌，我国的发病率和死亡率均居世界前列。军事医学研究院研究员岳文认为，导致这种情况主要有两方面因素：一方面离不开我国是“肝病大国”这样一个特定的国情，有一些明确的危险因素，比如肝炎病毒、黄曲霉毒素、酗酒和吸烟等，推高了肝癌的发生率和死亡率；另一方面也和国人饮食、作息习惯有关，尤其是高脂肪、高糖、高盐饮食，以及暴饮暴食等导致的肥胖和Ⅱ型糖尿病，都可能诱发肝癌。

肝癌通常可分为原发性肝癌和继发性肝癌两大类。原发性肝癌主要包括肝细胞癌、肝内胆管癌和混合型肝癌，其中肝细胞癌属于临床上比较常见和高发的类型，占到 80% 左右，其余 20% 为肝内胆管癌和混合型肝癌。

岳文表示，肝癌治疗的主要难点在于早期通常无特异性症状，当出现明显的临床症状时，病情往往已经到中晚期。而针对中晚期肝癌，目前手术治疗、药物治疗等手段通常只能延缓病人的生存期数月，无法抑制肝癌的复发和转移以及由此带来的并发症。

针对肝癌的治疗，世界各国的科学家们积极探索，希望能更精准地了解肝癌的发病机理，提高治疗的针对性和有效性。截至 2023 年 1 月，中国和美国共批准了 12 种药物用于肝癌治疗。但肝癌治疗仍面临严峻挑战，如第一个靶向药物索拉非尼虽然将总生存期延长了数月，但由于肝癌异质性较高，也有许多对索拉非尼不敏感患者以及抗药性经常发生，极大地限制了其功效。

自从 1994 年 John Dick 研究团队首次在人白血病中分离到肿瘤干细胞（Cancer Stem Cells, CSC）以来，肿瘤干细胞学说受到高度关注。2014 年，科学家在人类骨髓增生异常综合征患者中采用遗传跟踪方式首次识别出人类患者中的肿瘤干细胞，为肿瘤干细胞的存在提供了确凿的证据。肿瘤干细胞具有自我更新和可塑性潜能，在启动肿瘤形成和生长中起着决定性作用，现有的治疗措施尚无法针对肿瘤干细胞发挥作用，这可能是导致肝癌复发和耐药的主要原因。

北京工业大学教授阎新龙解释，肿瘤组织中除了占主体地位的肿瘤细胞，还包括间充质干细胞（Mesenchymal Stem Cells, MSC）、成纤维细胞、内皮细胞、免疫细胞等及其分泌的细胞因子、趋化因子和细胞外基质，它们共同构成了肿瘤微环境（Tumor Microenvironment, TME）。微环境内部，细胞相互作用以及各种因子和细胞外基质成分协同促进着肿瘤的发展。由于调控因素复杂，如何深入而完整解析肝脏肿瘤微环境与肝癌干细胞相互作用机制一直是研究的难点之一，对肿瘤微环境及其调控机制的阐明将有助于恶性肿瘤耐药性、转移以及肿瘤干细胞产生等难题的解决。

军事医学研究院、北京工业大学联合开展的一项名为“肿瘤微环境与肝癌干细胞相互作用解析及其靶向治疗新策略”的研究项目，深度解析了肝癌肿瘤微环境与肿瘤干细胞相互作用的机制，鉴定了新的肿瘤干细胞调控靶点，提出和验证了肝癌靶向肿瘤干细胞的治疗新策略，提出的新靶向策略具有重要的科学和临床转化价值。课题因此获得了 2023 年度北京市自然科学奖二等奖。

瞄准肝癌干细胞及纤维化微环境展开研究

岳文是该课题的第一完成人，课题组成员还有军事医学院的周军年副研究员以及北京工业大学的阎新龙教授等。周军年说，很多恶性肿瘤在治疗时，一个主要的难点就在于，无论是传统的手术治疗还是药物治疗、放射治疗，都很难完全根除。往往在杀死大部分肿瘤细胞以后，还会有一小撮细胞隐藏在体内，经过一段时间以后复发或者转移，重新长出继发性肿瘤。这一小撮细胞能够抵抗各种传统治疗方式，包括放射治疗、药物治疗等，基于这样的特性，科学家将之命名为肿瘤干细胞。

“如果把肿瘤干细胞比作一颗种子，那么肿瘤微环境就相当于这颗种子赖以生存和长大的土壤。”周军年说。肿瘤细胞的很多特性不是孤立存在的，它也依赖自己存在的微环境。临床医生和科学家的一个共同目标就是彻底杀死肿瘤干细胞，但肿瘤干细胞所处的微环境可以对其起到缓冲保护作用。因此可以说，肿瘤微环境的存在增加了杀死肿瘤干细胞的难度。

在此之前，其实已有两种单抗药物针对肝癌微环境进行治疗，这两种药物就是阿替利珠单抗和贝伐珠单抗。在临床上二者联合使用，可以将肝癌病人平均存活时间从 4.3 个月提升到 6.8 个月，当时领域内评价认为，这是 10 年来最有价值的一个创新。

上述两种药物主要针对免疫微环境和内皮细胞，但“炎症—肝硬化—肝癌”是肝癌发生的三部曲。肝癌间质微环境是硬的基质成分，因此肝癌也被称为“硬癌”。医学界对纤维化微环境的解析和靶向新策略还知之甚少，课题组的研究就是针对这个纤维化的微环境。

原创新发现助力肝癌治疗

课题组发现，不能孤立地分别对肿瘤微环境和肝癌干细胞进行研究，而要研究二者之间到底发生了什么，它们的作用是什么，要对其作用机制进行解析。在这个基础上，再去开展新的靶向治疗策略研发，这样才能知己知彼，有的放矢。

通过研究，岳文和课题组其他同事得到了有转化前景的一些原创发现，包括用于靶向治疗的有机硒小分子化合物 CU27 等。CU27 通过结合 c-Myc 蛋白的 bHLH/LZ 结构域阻断了 c-Myc-Max 复合物的形成，降低了 c-Myc 的转录活性，显著抑制了肝癌干细胞。作为重要的干细胞命运调控因子，c-Myc 通常被认为“难以靶向成药”，而 CU27 对肝癌干细胞抑制的作用显著高于现有的 c-Myc 抑制剂，具有较好转化价值。

相关成果的论文发表以后，该领域的同行们给予了很高的评价，认为 c-Myc 作为肝癌干细胞的关键调控因子，缺乏有效抑制手段，抑制剂 CU27 的发现为缺

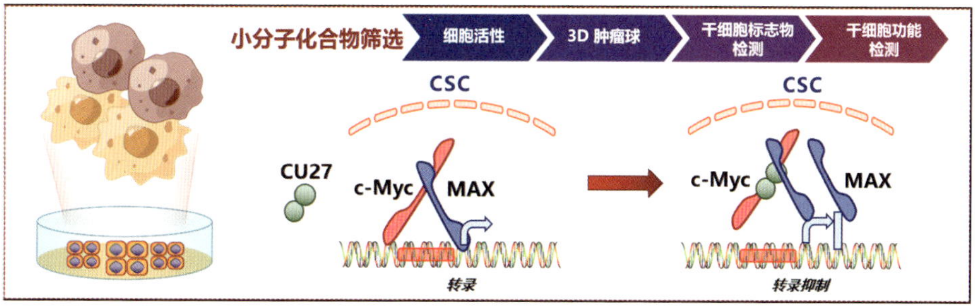

新的有机硒小分子 CU27 显著抑制肝癌 CSC

乏识别靶点的小分子药物研发提供了借鉴；CU27 因其显著高效的 c-Myc 抑制作用，有望作为靶向肝癌干细胞的候选药物之一。

2015 年，他们又发现小分子 RNA miR-125b 能够抑制肝癌细胞逆转为肿瘤干细胞。这个 RNA miR-125b 也被认为是调控肝癌干细胞最重要的几个小分子 RNA 之一。

此外，课题组还在肝癌微环境中发现了间充质干细胞，并证明其通过 lncRNA-MUF 促进肝癌上皮－间质转化（EMT）过程；发现了传统中药砷剂抑制肝癌肿瘤干细胞的新分子细胞机制，明确其通过 SRF/MCM7 复合物发挥作用，为砷剂在晚期肝癌的临床应用提供了新的理论支持。

岳文表示，这些发现相互关联，层层递进，极大地推进了人们对微环境与肝癌肿瘤干细胞相互作用的理解，提出的新靶向策略具有重要的科学和临床转化价值。

期待将成果真正应用于临床治疗

课题组在研究过程中，也遇到过不少难题。比如在筛选靶向肝癌干细胞小分子的时候，筛选库里有 300 多个小分子，怎么能高效筛选而又不遗漏关键分子，是一个巨大的挑战。课题组经过反复讨论，决定独辟蹊径，首先从功能筛选入手，寻找抑制癌症干细胞干性的小分子，再通过组学和药物学等相关分析，发掘其背后机理。

当他们对组学数据进行分析时，结果高度指向 CU27 的作用机制可能是靶向 c-Myc 这样一个明星分子时，课题组成员兴奋之情难以言表。因为 c-Myc 是一个著名的难以成药的靶点，对其进行小分子靶向药物的研发非常重要，挑战性也很大。

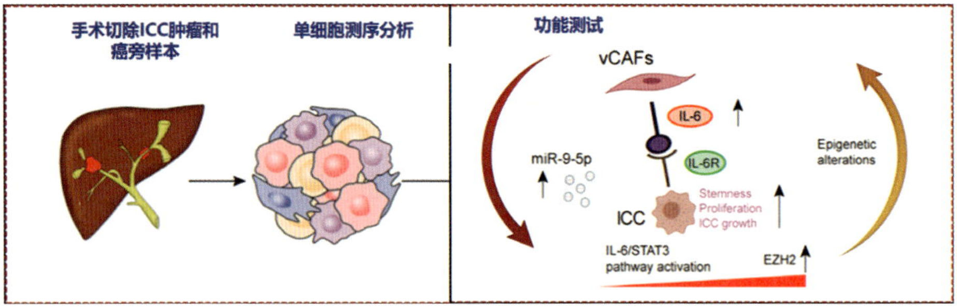

单细胞尺度发现肝癌中新型血管样成纤维细胞亚群（vCAFs）与肿瘤干细胞之间存在正反馈调控

课题组“大胆假设，小心求证”，反复进行相关实验验证，最后证明了 CU27 是通过靶向 c-Myc 蛋白来发挥作用，而且其体内外活性也是对照分子的 10 倍以上。

这个项目的研究成果展现出非常重要的应用前景和巨大的转化价值，比如 c-Myc 分子转录抑制剂 CU27，在包括肿瘤、辐射损伤、炎症等相关疾病的靶向治疗及组织损伤的再生修复，以及小分子 RNA 药物和靶向纤维化微环境疗法等方面都具有重要的应用前景。“现在我们正在推进其转化，非常期待能够真正应用到临床治疗上，解决关键瓶颈问题，这个过程是令人期待的。”岳文说。

获奖情况

肿瘤微环境与肝癌干细胞相互作用解析及其靶向治疗新策略

自然科学奖二等奖

模拟太阳风暴过程
预防空间天气灾害

撰文 / 杨易

结合物理机制和数值方法，在超级计算机中重现太阳风暴的传播和演化过程，提前对其可能造成的影响作出预报，是规避空间天气灾害的重要手段。同时，由于空间探测数据的时空范围较为有限，数值模拟也是认知太阳爆发全景过程不可替代的方式。在科学价值和应用需求的双重驱动下，空间天气数值建模研究成为空间物理学研究中的国际热点和前沿问题。

太阳如果发脾气，地球可能要遭殃

“空间天气”（Space Weather）这个名词最初是在 20 世纪 70 年代，随着人类越来越多的太空活动，由美国空间物理学家 M. Dryer 教授在其著作《太阳活动观测和预报》中提出来的。它是指在日地空间中，能影响空间、地面技术系统的运行和可靠性，以及危害人类健康和生命的条件、状态或事件。形象地说，空间天气与地球上的天气类似，就是太空中的“风雨雷电”。

太阳活动是空间天气变化的主要源头，因此太阳活动的强弱是决定空间天气的主要因素。空间天气中的“风”就是太阳风，“雨”则是来自太阳的带电粒子。在太阳活动低年时，空间天气较为平静。而在太阳活动高年时，耀斑、日冕物质抛射（CME）等太阳风暴则频繁发生，剧烈地释放太阳的能量和物质。一次 CME 爆发可释放多达 10^{32} 尔格的能量和 10^{16} 克的等离子体到行星际空间，以每小时几百到上千千米的速度吹向地球，并且伴随着 10 千电子伏 ～1 吉电子伏的高能粒子流，如同太空中的“狂风暴雨”。

当太阳风暴到达地球时，会引起近地空间环境的剧烈扰动，威胁到人造卫星的正常运行，影响无线电通信，导致 GPS 导航误差，对输电系统和地下管线产生

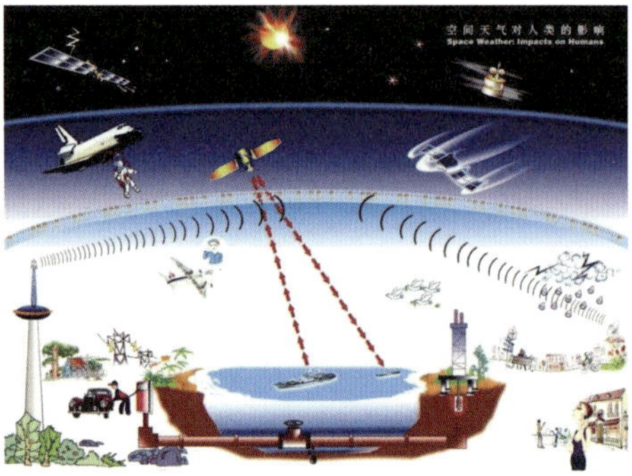

空间天气及其对人类的影响

破坏等。如果宇航员执行出舱任务时赶上太阳爆发，可能会受到高能粒子辐射而导致伤亡。

历史上已经发生过多次比较严重的空间天气灾害。例如，1989 年加拿大魁北克省发生了持续约 9 小时的大范围停电，约 600 万人的生活受到影响。原因是太阳风暴引发的地磁扰动，导致地面输电设施产生巨大感应电流，引发了电力故障。2022 年 2 月，由于太阳风暴导致的地球高层大气膨胀，美国 SpaceX 公司的 40 颗“星链”卫星因阻力增加脱离轨道，最终坠入大气层报废。有研究表明，一次严重的空间天气灾害能够通过对人类高技术系统的影响造成约 2.6 万亿美元的损失。

如何看透太阳的“心情”

我们必须提前预知太阳风暴的到来和影响，才能最大限度地减轻其带来的空间天气灾害。这就需要理解太阳风暴的产生和作用于地球的规律，再结合理论和建模进行空间天气预报，从而使有关部门可以根据空间天气预报做好相应的防护措施。

三维磁流体力学（Magneto Hydro Dynamic，MHD）数值模型以 MHD 方程组为理论基础，以超级计算机为计算工具，可以通过数值计算的方式在虚拟世界中模拟重现太阳风暴传播过程，是空间物理研究与空间天气预报的关键工具。具体来说，三维磁流体太阳风模型能够同时给出从太阳表面到行星际空间，包含地球在内的任意位置的所有磁流体参数(包括太阳风速度、密度、温度、磁场等量),科学家可以用它来分析局地观测中的特征结构与全球结构间的联系。例如世界上第一个投入空间天气预报的数值模型就是来自美国的“WSA-ENLIL”三维磁流体太阳风模型，可以提前 1～4 天预报地球附近的太阳风密度和速度。然而已有模型还有很多问题需要解决，其精度和效率还远达不到日益提高的空间天气预报需求。

一个完整的太阳风暴数值模型，具有以下几个要素：首先是需要一个物理模型。对于太阳风三维问题，是由 8 个偏微分方程构成的 MHD 方程组，主要是基于质量守恒、动量守恒、能量守恒还有磁感应方程建立起来的。第二个要素是解这个方程组所使用的数值格式，比如有限差分法、有限元法、有限体积法等。偏微分方程组是个连续的微分方程，求解过程中需要离散它，用一个一个的点来逼近它，这就需要第三个组成要素：网格。网格把我们原本连续的研究区域离散成网格点，如球坐标网格、直角坐标网格以及可以随着计算进程对关键区域自动加密的自适应网格等。第四个组成要素是观测输入，或者说初始输入，也就是求解偏微分方程组需要的初始条件和边界条件。最后还有一个重要的组成要素，就是计算机编程。大型的数值模拟程序一般都采用计算效率较高的 Fortran/C++ 等语言，还要考虑高性能并行计算策略，通过 MPI、OpenMP、CUDA 等编程实现。

中国科学院国家空间科学中心的太阳 - 行星际 - 地磁天气团队（SIGMA 团队）面向空间物理学科发展前沿和空间天气预报的国家战略需求，以太阳风暴起源和传播过程研究为基础，针对上述数值模拟的各个要素，开展了系统性的空间天气日冕行星际过程建模研究。

新算法保证数值模拟的物理真实和计算高效

空间天气数值研究涉及多时空尺度物理过程，传统算法难以在强磁场下保持高时空分辨率和磁场无散度等物理约束条件，因此发展反映物理真实的新算法就成为首要任务。SIGMA 团队建立了一系列保证物理真实和计算高效的三维磁流体力学数值模拟新算法。日冕加热和太阳能加速是世界性难题，团队通过分析太阳磁场拓扑结构，设计出体积加热项，能够获得更加真实的日冕及行星际太阳风

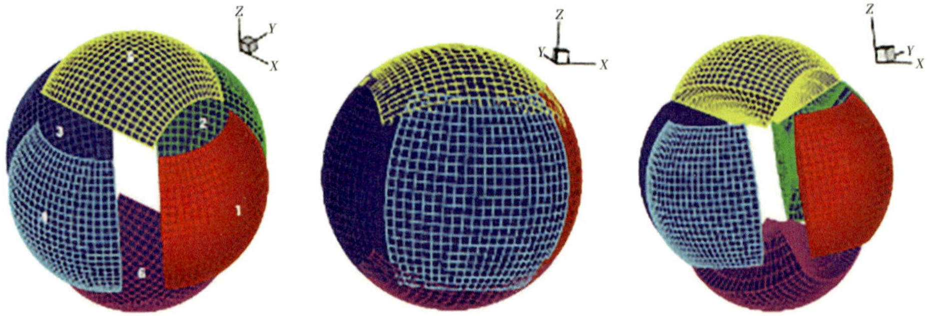

六片网格系统

结构，并解决了保持磁场散度为机器误差、熵守恒等问题，设计出能够用于日冕极强磁场条件下的稳定算法，极大提升了激波、电流片等结构的捕获精度，另外还引入 GPU 并行技术，可以提高计算效率 28 倍。

球坐标系网格系统无疑是最能贴合日地太阳风数值模拟球壳区域的网格系统，但是它在极轴附近的网格汇聚和奇异性问题，也是使用过程中必须小心处理的。SIGMA 团队提出了六片网格系统，这种网格中每一片都可以看作极轴方向不同的低纬球坐标网格，可通过坐标变换变为另一片。这彻底解决了长期困扰学术界的球壳网格奇性收敛性问题，首次实现了重叠多面体网格下自适应并行计算。

这些成果把空间天气数值研究推向能够揭示物理过程的新高度。国际太阳-行星际瞬变现象主席、“空间天气”一词的提出者 M.Dryer 指出：冯学尚团队开发的守恒元解元模型能够处理太阳风及太阳扰动日地传播难题，其数据驱动的太阳风和活动区建模自洽考虑了磁场和流场间的相互作用，开辟了空间天气数值研究的新纪元。

数据驱动模式预测日冕和行星际太阳风的动态变化

太阳风是了解日地系统空间天气整体变化过程的重要纽带，也是太阳风暴传播的背景。SIGMA 团队抓住太阳磁场变化引起太阳风动态变化这一核心问题，首次提出太阳光球视向磁场按观测时序融入模拟的数据驱动方法，有效解决极区磁场观测不全和观测数据的不同步变化问题，率先建立观测数据驱动的三维背景太阳风模型，再现传统静态模拟不能描述的背景太阳风大尺度结构动态变化特征，为揭示太阳风对太阳磁场时序变化的响应提供了强有力工具。

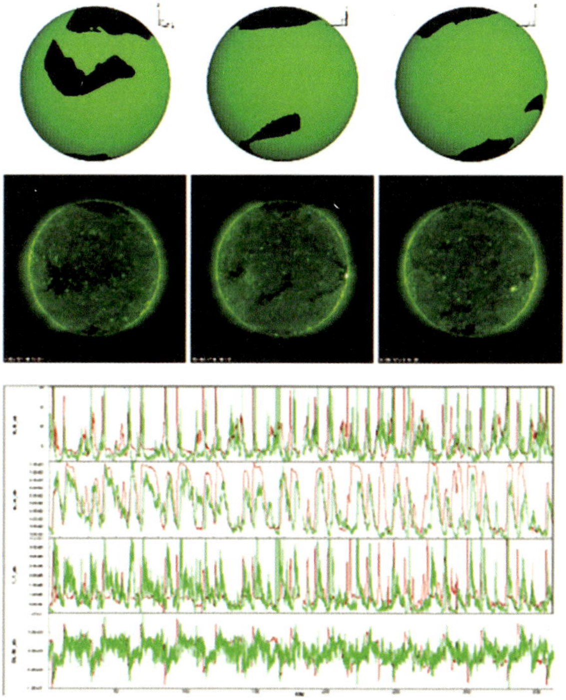

数据驱动三维模拟得到的冕洞分布与 SOHO/EIT 成像观测的对比

利用模型能够实时捕获日球层电流片、冕洞分布演化、流相互作用区、行星际磁场极性等，对公转流相互作用区、行星际磁场极性、近地空间太阳风高速流的预报准确率分别达到 74%、85%、80%，还证明了 Russell-McPherron（R-M）效应是控制地球附近的行星际磁场南北演化的主要因素。上图展示了模型与卫星极紫外成像观测的冕洞分布以及局地观测的太阳风参数的对比，说明数据驱动的模拟结果可以捕捉日冕大尺度结构的动态变化，以及太阳风高低速流的转换。美国地球物理学会会刊 EOS 将该成果作为研究亮点发表专文评述，数据驱动的模式有助于空间天气作出更好预测，可提供行星上游的太阳风条件。

揭秘空间天气事件的日地空间传播过程

如何真实反映日冕物质抛射（CME）三维传播特性是空间天气事件研究必须

日冕物质抛射相互作用过程的数值模拟（取自 GRL 期刊封面）

解决的难题之一。SIGMA 团队的沈芳研究员等人在三维磁流体太阳风模型基础上将带磁性的等离子体团模型引入 CME，对一系列 CME 事件的日冕－行星际传播过程进行了数值模拟，再现 CME 从太阳表面附近到地球轨道附近的传播、偏转及相互作用过程，模拟结果能够符合白光成像观测特征以及局地等离子体探测特征，并通过定量刻画等离子体团质心运动轨迹的方法，能够有效地模拟行星际磁场 *Bz* 分量南北偏转过程。

相互作用的 CME 的传播方向、速度及能量都会发生改变。SIGMA 团队通过定量分析 CME 碰撞过程的动能、磁能、内能及势能变化趋势，首次模拟揭示了 CME 的磁能及内能转换导致碰撞后动能可增加 3%～4%。成果以封面文章形式发表在《美国地球物理快报》，被美国地球物理学会评为研究亮点。

因为太阳活动的复杂性和灾害性空间天气事件预报时效性的迫切需求，也需要寻找不同于传统 MHD 模型与经验模型的处理途径，机器学习方法正是能够适应需求的一种新的手段。SIGMA 团队率先基于人工神经网络技术和多种观测数据开发了一种太阳风高速流预报模型，并首次将机器学习方法融入磁流体建模中，受到国际同行的广泛关注和高度评价。

综上所述，SIGMA 团队成功构建了具有重要国际影响与应用前景的空间天气日冕行星际过程三维磁流体力学数值模式，使我国成为在空间天气数值建模和预报领域可与美欧比肩的国家。利用该模式对空间天气物理过程开展的模拟研究，加深了对空间天气事件的日冕爆发、行星际传播演化、对地效应的规律性认识。基于项目成果，冯学尚研究员出版了国际上第一本日冕行星际数值模拟领域的专著，被施普林格出版社评为 2021 年度物理和天文学科的中国学者最具影响力 9 本图书之一，形成了广泛的国际影响。部分模式已提供给国家空间天气监测预警中心使用，为建立我国具有自主知识产权的空间天气数值预报系统奠定模式基础，并为国家重大基础设施“子午工程”“地球数值模拟装置”建设提供支撑，为我国空间物理研究和空间天气预报的发展作出了重要贡献。

获奖情况

空间天气日冕行星际过程建模研究

自然科学奖二等奖

改性石墨相氮化碳 让“光的力量”具象化

撰文 / 李晶

光合作用中，叶绿素能够吸收光能并将“激活”的电子传递给其他分子，推动二氧化碳的还原和葡萄糖的合成。光催化技术受到光合作用的启发，通过人工设计的光催化剂，实现了从光能到电能或化学能的转变。然而，如何有效提升该技术的光能转化效率，一直是该领域亟待解决的关键问题之一。针对当前光催化体系的关键科学问题，北京工业大学孙再成团队开展了改性石墨相氮化碳的构建及制氢研究，将石墨相氮化碳的电荷分离效率提升了 2～4 倍，其构建的新型光催化剂，将光催化活性提高了 162 倍。

用材料驱动“光的力量”

光催化，是利用清洁可持续且取之不尽用之不竭的太阳光激发催化剂，促进产生化学反应，使拥有不同能级结构的分子和原子发生跃迁的过程。其实，光催

“改性石墨相氮化碳高效光催化剂的构建及制氢研究”项目聚焦国家能源战略重大需求，开发新能源替代传统的化石能源，减少碳排放

化技术的诞生，受到了自然界的启发。叶绿素是自然界中最典型的光催化剂，它帮助绿色植物通过光合作用，吸收光并将二氧化碳转化为有机物和氧气，为地球生物提供了必要的营养物质。

然而，从依赖大量绿色植物的光合作用，才能维系整个地球生命正常运转的角度来看，叶绿素在光催化作用中，对光能的转化率并不高。而效仿光合作用发明的光催化技术，同样也面临着光能转化率偏低的问题。孙再成介绍，提高转化效率，是当前光催化领域研究中的一个难点。对于优化光催化剂性能而言，宽光谱的吸收、高效电荷分离和具有较低过电位的助催化剂三个要素至关重要。

光催化材料的更新与迭代

材料是光催化的核心。

光催化技术以光催化材料为媒介。当前已发现的光催化材料种类很多，包括二氧化钛、氧化锌、氧化锡、二氧化锆、硫化镉等多种氧化物及硫化物半导体；另外还有部分银盐，卟啉一等也有催化效应，但后者存在损耗，且大部分具有一定的毒性。

1967 年，日本科学家藤岛昭首次在试验中发现了二氧化钛的光催化作用。他发现对放入水中的氧化钛单晶进行紫外线灯照射，产生了水被分解成氧和氢的结果。简而言之，二氧化钛可光催化水解制氢。这个水解制氢的过程是如何发生的？其实，这与材料的能带结构有关。在能带结构中，存在能级较高的导带和能级较低的价带，它们就像是被分隔的阶梯。二氧化钛作为光催化剂，接受紫外光的照射后，其价带上的电子吸收了光的能量，从而跃迁到了能级更高的导带上，由此分别在导带和价带上产生了电子和因电子逃逸留下的空穴。

水由两个氢原子和一个氧原子构成。在光催化剂的作用下，水分子吸附在二氧化钛上，被氧化性强的空穴氧化成为氧气；而由此"脱逃"的氢离子则在电解液中迁移，与被激活的电子相遇，被还原成了氢原子。随后，两个氢原子结合在一起，就形成了呈气态的氢分子（氢气）。在以光催化剂为媒介的作用下，经过一系列的化学反应，纯水被分解为氧与氢。令人欣喜的是，在整个催化过程中，二氧化钛本身也不会产生任何的消耗。因而，二氧化钛被一度认为是最有应用前景的一种光催化材料。

2010 年赴美学成回国后，孙再成曾在中国科学院长春光学精密机械与物理研究所专注于二氧化钛的光催化研究。不过，他介绍，虽然受到了较为广泛的关注，但二氧化钛也有自身的局限性，它只能吸收紫外光的能量，而紫外光在太阳光谱中只占 4%，因而二氧化钛光转化的能力相对有限。

有没有一种光催化材料既能够吸收紫外光，又能吸收太阳光谱的可见光呢？2009 年以后，新的光催化材料——氮化碳，特别是石墨相氮化碳（CN）的出现，为光催化材料领域带来了新的可能性。

在光吸收能力等方面，相较二氧化钛，石墨相氮化碳表现出了更为突出的优势，逐渐成为光催化剂领域新的重点研究方向。孙再成团队的研究也拓展到石墨相氮化碳改性方向，并通过克服快速电荷重组导致光催化效率低的问题，实现了光催化性能的进一步提高。

具备层状结构的新型光催化材料

截至目前，石墨相氮化碳可谓是氮化碳材料中最稳定的形式。孙再成表示，石墨相氮化碳名字中有石墨，但它并不是石墨，而是与石墨具有相似的层状结构。石墨是人们比较熟悉的一种天然材料，由碳原子层叠而形成层状结构材料，每一层内的碳原子通过共价键紧密连接，层与层之间则通过较弱的范德华力相互作用。

然而，石墨相氮化碳却是一种人工合成的材料，可通过尿素、三聚氰胺和双氰胺等制备而得。它所含的氮原子和碳原子同样以特定的比例和方式结合，形成了类似石墨的层状结构，并具备高硬度、高耐磨性等独特性质，它在某些方面还表现出优于石墨的性能。

而且，石墨相氮化碳还具有出色的化学稳定性及热稳定性，且无毒，对人体与环境均十分友好。作为一种纯有机的材料，它因不含金属元素而具有丰富的改性方法。

那么，如何通过改性让石墨相氮化碳实现高效的光催化作用呢？

第一步是对光吸收的宽度做调整。孙再成团队提出通过引入具有宽光谱响应的碳点敏化光催化剂拓宽其光吸收范围的策略，制备系列改性石墨相氮化碳，将其带隙降至约 2.08 电子伏特，为石墨相氮化碳高效光催化剂的设计提供了新思路。

孙再成介绍，与二氧化钛相比，石墨相氮化碳对光吸收的范围更广，不仅能吸收紫外光，还能吸收一部分可见光。通过改性，石墨相氮化碳几乎能够利用将近 50% 的太阳光谱。同时，通过结合有机分子的方式，调整石墨相氮化碳的电子结构和光学性质，该团队将材料的光吸收范围拓展到了 600～700 纳米，甚至更宽。这一改进，大大提高了石墨相氮化碳在光催化、光电转换等领域的应用效率。

光催化剂不仅决定光吸收的效率，也是电荷分离的核心元素。因而第二步是通过改性，形成更有效促进电荷分离的异质结。所谓异质结，可以理解为两种物质的交替排列，它们之间的电荷形成了阶梯状分布。这种结构使得被能量激发的电子能够跃升，也就是跳跃到更高的能级上，从而实现了电子与空穴在空间上的分隔。

孙再成团队利用光沉积方法，实现了目的性地构建了 Z 构型异质结结构，将石墨相氮化碳的电荷分离效率提升 2～4 倍，为提升光催化剂的电荷分离效率建立了新方法。

接下来的第三步是化学反应阶段。金属铂有一个与不带电子的氢原子构成吸附的特质，即使没有电子也可以在其表面吸附很多氢原子。利用这一特性，孙再成团队通过设计合成 $Cu_3P/g\text{-}C_3N_4$ 等新型光催化剂，发展了替代贵金属助催化剂的复合型石墨相氮化碳光催化剂，增加了反应活性位点。在助催化剂的作用下，质子被吸附到水的表面，使得电子可以迅速与被吸附到表面的质子形成一个氢原子。

通常情况下，助催化剂通过光沉积技术沉积在催化剂的表面，孙再成团队设计了一系列具有二维片状结构的助催化剂，然后再沉积上较小颗粒的催化剂，一方面抑制了光生电荷的本体复合，另一方面二维的片状助催化剂具有更多的反应活性位点，达到提高光催化性能的目的。

开拓光催化水解氢商业化的可能性

除了改进催化剂材料、优化反应条件和采用多级催化系统等多方面的尝试，孙再成团队还设计了一个非常巧妙的策略，即通过牺牲一部分正电荷，并让其生成高价值化学品的方式，提高了整个系统的经济性和可行性。这一方法不仅提高了光催化剂制氢的效率，还为系统带来了额外的经济效益。

孙再成介绍，目前光能利用技术中，相对成熟的是太阳能电池技术，其光转化率可达 15% 甚至更多。然而，已发现半个多世纪的光催化水解制氢，光能转化率至今仍普遍维持在约 2%，仅部分实验室可达到 8% 左右。相对较低的光转化率让光水解制氢似乎看不到商业化的可能性。“在光催化反应中，利用正电荷生成高价值化学品，是一个非常有前景的研究方向。”孙再成团队通过糠醛等化学品已经实现了光水解制氢的商业化价值拓展。

糠醛氧化后，可生成类似对苯二甲酸它呋喃的有机化合物，能够替代传统的聚酯材料，在大宗化学品的制造领域具有很好的替代前景。这种材料不仅具有更好的可降解性，而且对环境十分友好，能为解决白色污染问题提供新的选项。

孙再成指出，高价值化学品的生成可能推动水解产氢走向商业化，尽管氢气在这一过程中成为附属的产物，但仍为未来的能源利用提供了一种可用的选择。在他看来，随着人类对用清洁、可持续的能源替代化石能源的需求日益强烈，光催化水解制氢技术将成为未来能源利用的重要方向之一。

作为一种“绿氢”，光催化分解水产生的氢气，可在氢燃烧后再产生水，随后再次用于制氢，由此可形成闭环的清洁能源循环。这一循环过程，不仅可实现资源的最大化利用，还能降低对环境的污染。

孙再成强调，制氢只是氢能产业链的前端，整个氢能体系涉及氢的生产、储存、运输与应用等多个环节。但显而易见的是，氢能是一种前景广阔的清洁能源。他表示，目前团队已经取得了一定进展，但这只是一小步，未来还将通过有机分子体系，让改性后的材料实现具有更大突破性的进展，进一步探索和开拓更高效、更环保的氢能生产方法，让光催化技术在能源转换和环境净化领域发挥出更大的作用。

获奖情况

改性石墨相氮化碳高效光催化剂的构建及制氢研究

自然科学奖二等奖

2023年

北京市科学技术奖获奖项目

服务国家重大需求

天地一体化：
低轨卫星星座“绣”出全球网络新图

撰文 / 段大卫

随着 6G 网络的发展，卫星互联网和天地一体化通信技术成为全球关注的焦点。这些技术通过在低地球轨道部署大量卫星，构建起类似 Wi-Fi 的通信系统，为地面用户提供网络服务，有望解决全球网络覆盖和接入问题。高通量卫星技术的发展显著提升了卫星通信速率，引发了传统卫星通信领域的重大变革。低轨高通量卫星星座以其全覆盖、高带宽、低时延和低成本的优势，成为全球网络覆盖的新方案。这些卫星互联网星座相当于空中的移动基站，为全球用户提供不受地理环境限制的高带宽、灵活便捷的互联网接入服务。

2023

全球范围内，多个国家正规划在近地轨道（LEO）建设大规模的低轨宽带通信卫星星座，这些星座由数百至数万颗卫星组成。其中，美国太空探索技术公司（SpaceX）的星链（Starlink）计划最具规模性和代表性。截至 2024 年 8 月 20 日，SpaceX 已累计发射 190 批、6917 颗星链卫星，服务覆盖全球超过 100 个国家和地区，拥有超过 350 万订阅用户。根据 FCC 的申报资料，星链计划在未来将发射 42000 颗卫星，它们将与地面 5G 网络深度融合互补，并为 6G 时代的万物互联提供支撑，有效解决偏远地区、海洋、航空等用户的互联网服务问题，促进数字经济的发展和天地一体网络的建设。我国低轨通信卫星星座建设计划起步较晚，近年来也在稳步推进中。

从“单件研制”到“批产模式”

商业卫星的发展趋势显示，卫星星座是商业航天发展的重要方向。目前，绝大多数星座计划处于筹资和开发阶段，市场空间巨大，对传统卫星制造能力构成挑战。卫星批产成为解决星座卫星制造需求与产能冲突的有效方案。传统卫星制造采用“单件研制”模式，从方案论证到详细设计、产品投产、交付以及 AIT（总装、测试与试验）的研制流程基本为串行实施，耗费大量时间、空间和人力资源。批产卫星模式通过流程优化和精益生产等手段，提高卫星研制效率，包括将串行任务向并行任务转换、统一接口、建立货架产品或模块化产品、批抽检等措施。

卫星批产面临的难点在于卫星轨道工作的不可维修性和高昂的发射成本，因此对卫星的可靠性要求更高。卫星单机产品和整星在研制过程中需要进行充分的可靠性测试和试验，这些试验周期长、成本高。目前，卫星生产还不能实现类似计算机、汽车等产品的免检和批抽检，这延长了研制周期，提高了成本门槛，增加了批产难度。我国之前的卫星生产以单颗定制为主,缺乏批产经验,摸索成本高,这也是过去卫星批产难以开展的原因之一。

银河航天（北京）科技有限公司（以下简称“银河航天”）的小批量研制模式（天地一体试验平台）适应了我国航天的基础环境，并取得了初步成果，为我国商业卫星批产制造提供了参考模板。银河航天正尝试与工业体系合作，依托我国强大的工业体系,提高卫星部组件及整星的批量化能力,降低成本。在卫星批产过程中，3D 打印技术的应用也在“降本增效”方面发挥了作用。通过 3D 打印技术，可以实现高频微距波导、高性能天线等载荷的加工，提升电性能，促进行业发展。

引领 Q/V 频段卫星通信技术革新

卫星通信技术涉及多个频段，包括 L、S、C、Ku、Ka 等。低频段如 L 和 S 频段在雨衰减、绕射能力和对天线方向性要求方面表现较好，适合移动通信，但带宽有限，难以满足当前社会对多媒体视频等宽带内容的需求。而 Ku 和 Ka 频段则提供了更宽的频率范围，能够更好地满足高清视频、互联网和物联网等通信需求。

在建设低轨宽带通信星座的过程中，Q/V 频段载荷技术成为关键技术之一。银河航天在这一领域展现了其技术实力和创新能力，特别是在自主研发和解决技术难题方面。银河航天科研团队在首发星中采用了 Q/V 频段，这是国内乃至全球在低轨宽带卫星中的首次尝试。在技术路线选择上，团队内部曾出现过分歧。银河航天首席科学家张世杰回忆道，“在之前的技术路线选择上，曾面临了两种不

银河航天首发星，该星使用 Q/V 天线，已于 2020 年 1 月 16 日成功发射

同的观点：一种是从已有技术积累的 Ka/Ku 频段通信载荷做起，风险较低；另一种则是直接开发频段更高的 Q/V 通信载荷，以实现更宽的带宽，尽管这没有现成的技术和研制经验可以借鉴。”

为了取得更好的效果，银河航天通过技术创新，采用了 Q/V 频段双极化技术。“Q/V 频段是毫米波频段中非常适合卫星通信的一个频段，它提供了更宽的带宽。”张世杰表示。银河航天在 Q/V 频段上采用了双极化技术，使通信速率得以翻倍。此外，在馈电部件的传输通道设计方面，银河航天也进行了创新性的设计，引入了双重特殊函数，并实施了电气与结构设计的联合迭代优化，从而有效减少了人为因素对装配过程的影响。

2019 年，银河航天推出了第一代 Q/V 天线，解决了毫米波复杂天线结构的设计与加工难题。2020 年 1 月 16 日，首发星的成功发射验证了第一代 Q/V 天线的可靠性。随后，银河航天推出了第二代 Q/V 天线，通过结构优化，实现了性能提升和重量下降 40%。2022 年，银河航天推出了第三代 Q/V 天线，重量相比第一代下降了近一半，解决了毫米波相控阵的关键技术难题。2023 年，银河航天完成了第四代 Q/V 天线的研制，重量降至 3.2 千克，具有更低的剖面厚度，成本大幅下降。此外，银河航天的 Q/V 伞天线初样已完成，这种天线设计可以在发射时收拢，在太空中展开，以节约空间。

在 Ka 频段方面，银河航天的首发星采用了“鱼鳞状”用户天线，而 2022

年发射的 02 批卫星则采用了“手风琴状”天线。这种迭代主要体现在将反射面的点波束换成了阵列天线的椭圆波束，两者都是无源天线形成固定波束覆盖，通过切换实现多地的波束切换式扫描。“手风琴状”天线的椭圆形波束与低轨应用场景更为匹配，且加工成本相对较低。2023 年 7 月发射的灵犀 03 星中，用户天线迭代为相控阵天线，增益更高，能够支持更高的通信速率。

这些成就，不仅展示了我国在低轨宽带通信卫星领域的技术进步，也使我国在全球卫星互联网竞争中占据了有利地位。

构建中国首个低轨宽带通信试验星座

银河航天的 02 批卫星（七颗组网通信试验卫星）标志着中国在低轨宽带通信卫星领域的又一进步。这些卫星完全由银河航天自主研发和批量制造，达到了国际先进水平。张世杰表示，“每颗卫星的设计通信容量超过 40 吉比特 / 秒，平均重量约为 190 千克。这些卫星不仅专注于宽带通信任务，还具备遥感成像能力，实现了通信与对地拍摄的双重功能。”它们将与银河航天的首发星共同组成中国首个低轨宽带通信试验星座，并构建星地融合 5G 试验网络“小蜘蛛网”，提供单次约 30 分钟的不间断、低时延宽带通信服务，用于技术验证。

02 批卫星的设计特点包括更轻的重量、更强的功能、更低的成本、更简洁的研制流程和更高的生产研制效率。与首发星相比，这批卫星在技术创新方面取得了显著进步。从单星发射到多星同时发射、测控、组网的能力提升，类似中国载人航天任务从“单人单天”到“多人多天”的转变，是中国建设大型卫星星座网络的关键技术进步。

低成本、批量化生产是中国航天产业提升国际竞争力的关键。银河航天在卫星研制模式、卫星设计、制造供应链、卫星批量生产线等方面进行了大量工作，形成了面向中小型卫星的低成本批产解决方案。银河航天已建成覆盖整星研制、单机生产的生产基地，并正在构建卫星低成本批产研制的格局。

银河航天通过新一代低成本卫星系统的设计与研发，基于工业体系的商业化供应链、柔性智能卫星生产线和精益生产管控系统的构建，实现了“卫星设计—生产线—供应链”的量产铁三角模式，显著降低了研制成本并提升了研发效率。

连接偏远地区的网络桥梁

全球范围内，低轨通信卫星技术正迅速成熟并进入商用阶段，成为弥合数字鸿沟的有效工具。当前，不同地区在互联网使用和基础设施访问方面存在巨大差异。地面通信网络仅覆盖了全球陆地面积的 20% 和地球总面积的 6%，而最偏远或人口稀少的地区仍未实现互联网覆盖。根据国际电信联盟（ITU）的最新数据，全球仍有约 26 亿人无法上网，约占全球人口的 1/3。低轨通信卫星的发展，作为实现网络信息地域连续覆盖和普惠共享的有效补充，能够为全球人民带来更便宜、更快速、更全面、更持久的网络体验，是解决全球“无互联网”人口数字鸿沟问题的重要手段。

张世杰表示，“低轨通信卫星通过提供全球覆盖的互联网服务，能够连接那些因地理位置偏远或基础设施不足而无法接入互联网的社区。”这些卫星部署在近地轨道，相比传统的地球静止轨道卫星，它们具有更低的延迟和更高的数据传输速率。此外，低轨卫星星座能够提供更灵活的服务，快速响应不同地区的网络需求变化，特别是在自然灾害发生时，可以迅速部署以恢复通信。

联合国宽带可持续发展委员会（UN Broadband Commission for Sustainable Development）强调，卫星技术在实现全球宽带目标中扮演着关键角色，特别是在那些光纤和蜂窝网络难以到达的地区。卫星互联网不仅能够提供基本的互联网接入服务，还能够支持远程教育、远程医疗和电子商务等应用，从而促进社会经济发展。

随着技术的进步和成本的降低，低轨通信卫星的部署和运营变得更加可行。这些卫星的大规模部署有望在未来提高全球互联网的普及率，特别是在发展中国家和偏远地区。“随着更多国家的参与和更多低轨卫星星座的建设，全球数字鸿沟有望进一步缩小。”张世杰说。

获奖情况

低成本 Q/V/Ka 频段低轨宽带通信卫星批量研制及应用

科学技术进步奖一等奖

国家速滑馆："冰丝带"舞动天际 中国智造领跑世界

撰文 / 吉菁菁

2022 年 2 月 12 日下午，国家速滑馆内掌声雷动。正在举行的速度滑冰男子 500 米"飞人大战"中，中国冬奥代表团旗手高亭宇如同一支离弦之箭，风驰电掣般冲过了终点，以 0.09 秒之差打破奥运会纪录，并斩获中国男子速度滑冰的冬奥会首金。这一瞬间，也是北京城建集团有限责任公司总工程师、北京国家速滑馆经营有限责任公司总工程师李久林最难忘的回忆之一，"当时我和团队在现场提供场馆保障服务，与全世界共同见证了这历史性的时刻。最让人兴奋的是，这也从侧面验证了'冰丝带'作为世界一流场馆的卓越实力，我们给祖国和人民交上了一份满意的答卷。"

国家速滑馆是世界上首个采用二氧化碳跨临界直冷制冰技术的冬奥速滑场馆

22 条晶莹的“丝带”状曲面玻璃幕墙盘旋簇拥着顶部的马鞍形屋面，22 根丝带飞旋飘逸，取自速度滑冰运动员的运动轨迹，象征冰上运动的速度。与此同时，22 也象征着 2022 年冬奥会。因为外形营造出飘逸灵动的丝带效果，国家速滑馆又被人们亲切地称为“冰丝带”。作为北京冬奥会唯一新建冰上竞赛场馆，“冰丝带”拥有 1.2 万平方米的亚洲最大全冰面，是展示我国冰雪运动快速发展的一张亮丽名片。在北京冬奥会速度滑冰比赛期间，在“冰丝带”里共诞生了 14 枚金牌，13 次刷新奥运会纪录，诞生 10 项奥运会纪录、1 项世界纪录，让北京冬奥会因此成为史上速度滑冰奥运会纪录诞生最多的一届冬奥会。

运动员来之不易的耀眼成绩背后，离不开科技与匠心搭就的舞台。为了能让充满科技、智慧、绿色、节俭特色的“冰丝带”飞舞天际，在 1095 个未敢有一丝一毫松懈的日日夜夜里，李久林带领团队逐一攻克了“世界最大跨度索网屋面结构、建筑用高钒密闭索长期依赖进口、低海拔地区难以建成最快的冰场”等难

22 条丝带就像运动员滑过的痕迹，象征速度和激情

题，让凝结了勇于突破和创新精神的中国智造领跑于世界。

踏进“无人区”，“最强的索”是怎样炼成的

2022 年冬奥会花落北京，北京成为世界上首个“双奥之城”。2018 年，国家速滑馆应时破土动工，曾主持过 2008 年夏奥会国家体育场“鸟巢”建造的总工程师李久林，众望所归再次“挂帅”上任。

“奥运建筑是凝缩一个时代科技创新与进步的标志。前有‘鸟巢’成功的经验和积累，‘冰丝带’一定要比‘鸟巢’做得更好。”这是李久林团队给自己定下的目标。但与其他同类型复杂、难度大的工程项目不同，“冰丝带”建设伊始便面临着极为紧张的工期：“鸟巢”建造周期是 51 个月，而“冰丝带”仅有 36 个月。在紧迫的时间框架下，李久林团队做好了面对各种未知技术难题、“啃硬骨头”的准备，“既然生逢伟大时代，建设伟大工程，就要扛起责任、担起风险。”

“冰丝带”建筑的主体结构是马鞍形索网屋盖——长跨 198 米，短跨 124 米，跨度世界之最，设计十分新颖。这也带来了技术上的挑战：如何用最少的钢材造出最大跨度的空间。如果屋顶的“天幕”采用全钢结构方案，初步估算将比索网结构多使用约 4000 吨钢材，同时也显著延长施工周期。钢结构的最大优势在于抗拉强度高，还有什么结构能让“冰丝带”稳固之余使用更少的材料，同时外形上也更灵动飘逸呢？从“更少耗材、受力更优、形态美观、节能环保”的角度出发，李久林团队把目光放在了索网结构上，选择了“高钒密闭索”来“编织天幕”，只为“绷”出一个世界规模最大跨度的索网屋盖。

“编织这块天幕的过程，可以说是整个场馆施工中最困难的一个环节。”李久林团队发现，能生产“高钒密闭索”材料的工厂主要集中在欧美发达国家，不仅成本很高，建设周期也受制于人。而反观国内虽有相关技术储备，但在建筑领域真正的生产应用上还是一片空白，尚无先例。他们作出了一个充满情怀又看似大胆的决定：舍弃采买现成进口索的捷径，对高钒密闭索开展国产化研发应用。一时间，各种不理解的声音纷至沓来，“以前都是进口索，为啥非要这次换？”“时间这么短，这么重要的工程万一出现风险，责任谁来承担？”……

“靠谁都不如靠自己，总要有人去迈出第一步！”面对外界的种种质疑，李

久林团队却充满信心。"首先，我们有攻克国家体育场'鸟巢'国产 Q460 钢材的成功经验，其次，在对国内厂家摸底考察中，我们发现国产高钒密闭索在矿山、缆车等领域已有成熟应用，且整个生产流程中只差制作索体外层的 Z 形钢丝的技术，短时间内是有望实现国产化的。"在推动高端材料国产化的目标驱动下，李久林团队仅用 3 个月时间，就联手国内的生产厂家成功研制出了第一根试制索，并顺利通过了第三方检验机构的平行检验，验证了国产索的安全性和可靠性。

2019 年 3 月 19 日，"天幕"落成。这个全球最大规模的单层双向正交马鞍形索网结构，创新性地采用了单层马鞍形索网 + 环桁架 + 幕墙拉索异面网壳结构体系和找形方法，通过了计算机的数字仿真和实验室 1:12 模型实验后，在国家速滑馆的上空顺利张拉成形。

索网结构总重达 968 吨，索体总长 20450 米，抗拉强度比钢更高，而用钢量仅为传统钢屋面的 1/4，不但缩减了超过 50% 的室内空间容积、降低冰场负荷、实现了节能运行，同时还节省了 25% 的幕墙、屋面等外围护结构的面积。而对建筑材料"高钒密闭索"的国产化也一举打破了国外技术垄断，彻底解决了其长期依赖进口的难题，实现了密闭索价格降低 2/3、供货期缩短 1/2，并首次应用于

国家速滑馆场地照明系统根据场馆功能量身打造，由 1088 套 LED 灯具组成

国家重大工程的目标，为国内外其他大型工程的应用一举创下先河。

打破“不可能”，平原地区制成“最快的冰”

速度滑冰被誉为人类不借助外力的“世界上最快的运动”，风阻大小是决定千分之几秒分出高下的关键因素。美国盐湖城（海拔 1295 米，10 项奥运会纪录）、加拿大卡尔加里（海拔 1048 米，6 项奥运会纪录）等地区的速滑馆之所以创下多项世界纪录，主要就是因为亚高原地域的空气相对稀薄、风阻更小。也正因如此，绝大多数时候，运动员在平原赛场的成绩都略逊于亚高原赛场。地处北京的国家速滑馆就是平原赛场，冰面海拔仅 43.6 米，如何在响应“绿色奥运”目标下制出“最快的冰”，拥有与亚高原场馆“比快”的底气？

历届冬奥会均采用氨或氢氟烃（HFC）制冰，氨具有毒性，而 HFC 是强温室效应的制冷剂。李久林团队发挥精益求精的精神，创新性提出了绿色高效的“中国方案”。“二氧化碳是环保的制冷剂，制冰非常均匀，而均匀平整的冰面对于速度滑冰这样的高水平竞技来说是关键性的因素。”在科技部重点研发计划支持下，李久林团队克服了“二氧化碳临界状态下不稳定”等难题，首次研发了超大面积二氧化碳跨临界直冷制冰技术，这也是在冬奥会史上的首次应用。

依托着世界最大的二氧化碳跨临界直冷制冰系统的全冰面设计，“冰丝带”实现了分区域、分标准制冰，不但制出温度传导极其均匀平整、光滑的冰，还通过激光扫描与 BIM 模型进行比对、检验，保证冰场下 12 万米不锈钢制冰管道精准地实现了对每块冰的单独控温，冰面温差保持在 0.5 摄氏度以内。配备上场馆的空调除湿系统、体育照明系统等，保证了对整个场馆不同区域的风速、湿度和温度的控制，为全世界速度滑冰选手们取得最好成绩提供了一个完美舞台。同时，在低碳节能方面，“冰丝带”的数据同样亮眼。CO_2 的 GWP 值（全球变暖潜能值）为 1，ODP（破坏臭氧层潜能值）为 0，整个场馆建设期间减碳 8.38 万吨。在“冰丝带”全冰面运行的情况下，一年可节约大约 200 万度电，相当于 500 个家庭一年的用电需求。

北京冬奥会期间，中外运动员都对“冰丝带”镜面般平整的冰面赞不绝口。“冰丝带”也打破了平原赛场的“不可能”，因为运动员创下的新世界纪录就是“最快的冰”的最好证明。

精确到毫米级别，世界首个全智慧冬奥场馆

建筑是一个传统行业，之前常依靠延续性的经验摸索前进，但我国建筑业早已开始向“工业化、数字化、绿色化”转型，从传统建造向智能建造迈进，并在全球范围内处于领先地位。作为世界首个全智慧冬奥场馆，推动数字技术与传统产业深度融合的“冰丝带”，就是“中国智造”的典范。

新颖复杂又超大规模的结构形式，连续曲面幕墙体系构件的精细化加工和安装……极短的工期和对高质量构件、高精度安装、实时高精度测控的严苛要求，对整个工程的施工部署是一个不小的挑战。靠什么来保证国家速滑馆能“又快又好”地顺利竣工？

李久林带领团队采用“搭积木”的装配式建造思路，依靠 BIM 与数字化建造技术的基础，拿出了一个“用技术赢空间，用空间换时间”的解决方案——高精度建造的平行施工模式。

通过使用 BIM 技术，建筑可以被建造两次：先是虚拟建造，直到虚拟建造的数据符合规范和质量要求后，再开始实际建造。数字化的建造可以大幅提高生产力和建筑质量，同时还节省了工期及成本。“国家体育场‘鸟巢’的建造开启了我国应用 BIM 技术的先河，而后来者国家速滑馆‘冰丝带’的施工，采取 BIM 技术结合 AI、大数据、云计算等技术，更加智能和精准。例如国家速滑馆外立面由 3360 块曲面玻璃单元拼装而成，这些异型构件，每块尺寸都不相同，全部都是通过 BIM 技术在工厂定制后，再进行现场安装。混凝土构件、看台、钢结构、索网、屋面等大型构件也全都在工厂建设完成，在现场只需要像搭积木一样把它们组装在一起。”

借助智能化技术的平行施工模式，彻底打破了传统流水施工的局限，让负责地上混凝土框架、钢结构环桁架、索结构和预制看台等不同工种的工人可以在不同场地同步完成不同的工作。李久林团队还研发了环桁架高低位变轨滑移技术，通过计算机来控制滑移机器人推动东西两侧各 2750 吨重的巨型环桁架，去完成“积木”的拼装。除了节约工装措施约 1500 吨，还大大节约了 3 个月工期，且

在施工精度方面也不遑多让，出色地做到了大型建筑中“不超过 10mm”的实际误差，被誉为建筑领域的奇迹。

全智慧建造过程让“冰丝带”从图纸走向了现实。而现实中“冰丝带”落成后，和它一模一样的“孪生子”——数字化的国家速滑馆也实现了同步运行。这个数字孪生平台系统上共集成了 45 个子系统，不但支持毫秒级的监控反应，更帮助实体场馆进行数据采集和实时检测，作出趋势预测、预警和决策以实现对场馆的精细化调控，使场馆运营更加高效智能。比如国家速滑馆中的制冰系统，是确保运动员成绩的重要一环，场馆内冰面温度、湿度、风速等都可能影响到运动员的表现，甚至看台上观众数量的变化也会对场馆环境等产生一定的影响。通过智慧化管理，“冰丝带”内部的摄像系统能够精准识别各区域观众的分布情况，基于观众分布的实时数据，数字孪生系统可以动态调节除湿、送风等环境参数，确保赛场环境始终保持在适合运动员发挥最佳水平的状态，同时分层控温技术也为观众们提供了更优质舒适的观赛体验。

匠心引领“中国智造”，推动冰雪运动走向未来

作为奥运工程，“冰丝带”有着很强的示范性、引领性和标志性。其中的行业关键技术、共性技术和前沿技术攻关，都会对相关技术和产业产生极大示范引领和推动作用，形成新的经济增长点。截至目前，“冰丝带”的相关研究成果已经形成了 4 项新标准，在科技部、住建部、北京市等相关部门和地方的大力支持下，有些标准也已经逐步上升为地方、行业甚至国家的相关标准，这些标准将持续为促进冰雪运动场馆建设提供技术支持。同时，例如“高钒密闭索的国产化”等成果也惠及全球的建筑领域。国产高钒密闭索不仅已在上海浦东足球场、三亚市体育中心等国内工程中全面推广应用，还应用于卡塔尔世界杯主场馆卢赛尔体育场等多项国际工程，同时实现了出口，符合欧洲标准的产品性能，极大地带动了相关产业的发展。

奥运会只是场馆生命的开始。“冰丝带”在建造之初，便从可持续角度出发充分考虑了赛后利用，如场馆的全冰面设计可实现超过 2000 名市民同时开展冰球、速度滑冰、花样滑冰、冰壶等所有冰上运动，为满足群众参与不同冰上

运动的需求提供多功能的硬件支撑，更好地用于举办国际冬季运动赛事和群众冰雪运动，促进我国冰雪运动和冰雪产业发展，推动实现“带动三亿人参与冰雪运动”的目标。

在北京冬奥会后，“冰丝带”迅速对公众开放。作为集体育赛事、群众健身、文化休闲、展览展示和社会公益“五位一体”的多功能体育场馆，它不仅承载了奥运梦想，还成为我国“十四五”期间“建设体育强国”的重要平台。通过智慧化管理和开放运营的多样化，未来“冰丝带”将继续发挥其独特的社会价值，成为世界了解中国创新与“智造”的窗口。

获奖情况

国家速滑馆（冰丝带）绿色建造关键技术研究与应用

科学技术进步奖一等奖

试验卫星在轨验证为“北斗三号”探路“蹚雷”

撰文 / 罗中云

北斗卫星导航系统作为中国自主研发的全球卫星导航系统，代表着我国航天领域的重大成就。它不但是我国航天史上规模首屈一指、覆盖范围极广、性能要求极高的航天项目之一，还能为全球用户提供不间断、全时段、高精度的定位、导航和授时服务。2020 年 7 月 31 日，北斗三号卫星导航系统正式建成开通，标志着我国北斗“三步走”发展战略完美收官，也让中国成为世界上第三个独立拥有全球卫星导航系统的国家。

“北斗三号”相较于“北斗二号”，服务范围从区域拓展至全球，各方面性能均有巨大提升。例如，增加了性能更优、与世界其他卫星导航系统兼容性更佳的信号 B1C，增添了星基增强系统（SBAS）、搜索救援服务（SAR），以及 B2b-PPP 等服务，其导航、定位、授时性能也进一步提高。

“北斗三号”对标 GPS 系统，因此在诸多方面有着更高要求，在体制、技术、设备等多方面进行重大升级，多项核心关键技术首次应用于系统建设。然而，这些新体制、新技术、新设备必须先经过一系列在轨验证评估，达标后才能正式用于北斗三号系统的卫星组网。

正因如此，在“北斗二号”建成不久后，我国于 2015 年启动了北斗三号全球系统实验卫星工程，实施了“北斗全球系统实验卫星在轨验证关键技术及应用”项目。该项目汇聚了北京跟踪与通信技术研究所、中国空间技术研究院、上海微小卫星工程中心、武汉大学、中国科学院上海天文台、信息工程大学、芯星通科技（北京）有限公司、上海司南卫星导航技术股份有限公司等一批业内实力强大、声名卓著的单位。

项目实施期间，各参与单位紧密配合、协同合作，攻克了一系列在轨试验关键技术，有效验证了北斗三号全球系统核心方案体制和关键技术指标，为确定北斗三号全球系统技术状态提供了有力支撑。该项目因其卓越贡献，荣获 2023 年度北京市科学技术进步奖一等奖。

步步为营解决各种难题

北斗三号全球系统的技术指标要求高，其试验卫星工程建设也面临着诸多复杂因素和实际挑战。例如，试验卫星工程广泛采用了与“北斗二号”截然不同的全新技术体制，部分新体制还具备多种技术状态，这使得优化和固化系统相关技术状态的在轨技术试验任务变得极为繁重且难度极大。

另一个突出的难题是星地观测资源的稀缺。实现从验证区域系统的体制和能力，到验证全球系统的新体制和新能力面临巨大跨越。参与此次项目的武汉大学国家卫星定位系统工程技术研究中心教授胡志刚表示，由于试验卫星星座仅有 5 颗在轨卫星，再加上国土范围内观测能力有限、布站数量少且分布不均等客观因素，给空间信号精度、星钟高稳定度评估及系统 PVT（位置信息、速度信息和时间信息）定位服务全球能力的评估等工作带来了极大挑战。

“就拿氢原子钟来说，它在天上那么高，要验证其精确度及各方面性能，就需要长弧段的信号跟踪，但中国境内只有为数不多的几个地面站，跟踪的弧段很短，而且卫星绕着地球跑，经过中国上空的时间较短，跟踪的弧段也是断断续续的。

胡志刚教授（中）带领团队在深入讨论关键技术攻关细节

在这种情况下，客观评价原子钟的性能非常困难。”他说道。

据了解，项目还有多项技术为国际上首次采用，试验评估没有成熟的经验和模型可供参考，比如提出的星地星间联合定轨方法等流程复杂，评估精度要求极高，需要探索采用新的评估模型和算法。“面对这些问题，团队集思广益，逐个攻克难关，步步为营，稳扎稳打，最终成功克服了各种困难，解决了一系列技术难题。”胡志刚教授说道。

5 颗试验星座等效评估 30 颗星全系统混合星座服务

尽管挑战重重，团队依然取得了一系列重大的技术创新成果。胡志刚教授举例说，为了克服地面监测站数量有限、难以仅依靠地面站进行精确轨道确定的问题，团队基于星间链路观测技术，通过算法和模型的深入攻关，实现了星地星间联合定轨，从而保障了试验卫星空间信号精度评估所需的参考轨道的高精度要求。

据了解，“北斗全球系统实验卫星在轨验证关键技术及应用”项目的一大创新成果就是设计了“星地一体、虚实结合、集约高效、准确可信”的北斗全球系统试验验证体系，建立了由异构最简星座及地面各类观测资源组成的星地验证系统，提出了复杂组网导航星座试验验证指标体系及评估体系，解决了基于 5 颗试验星座等效评估 30 颗星全系统混合星座服务的评估难题，实现了全球系统关键技术体制与性能指标的有效验证，发现并解决了百余项技术问题，为推动北斗系统从区域向全球的跨越发展、降低系统建设风险、促进全球系统组网建设提供了科学支撑。建立了轨道精度、信号精度、服务性能等关键指标的评估模型和故障监测图谱；构建了一个动静结合、陆海结合的观测网络，包括国内跟踪站、车载船载终端、国际激光联测台站等，实现了评估结果的准确可信，为后续北斗全球系统状态的确定和优化提供了重要依据。

解决空间信号精度从米级到分米级评估、性能优化难题

项目所取得的又一项重要成果是突破了影响卫星导航空间信号精度的精密轨道及高性能原子钟评估核心关键技术，提出了基于星地星间观测数据融合的定轨评估方法，建立了卫星天线相位中心精化模型和卫星光压精化模型，实现了地球

胡志刚教授（左）指导新体制信号抗干扰性能测试（2016 年）

遮挡阴影区 50% ～ 80% 的轨道精度提升，验证了全球系统精密定轨能力；首次实现了对 1E-15 量级国产星载氢原子钟的在轨精确评估，解决了北斗空间信号精度从米级到分米级评估、性能优化的难题。

“特别是针对空间信号精度仅依赖国内观测资源，难以实现高精度评估的难题，团队提出了星地 L 频段 / 星间 Ka 频段 / 激光 SLR 联合法等多源多手段卫星轨道精密确定与评估技术，将北斗全球系统空间信号评估能力从米级提升到了分米级，解决了基于试验卫星工程等效评估全球系统空间信号精度优于 0.5 米的难题。”胡志刚说。

该项目还有一大创新，那就是突破了北斗系统定位导航授时服务性能高完好、高精度评估关键技术，首次在国际上提出了星地多种观测对比评估方案，完成了对卫星自主监测可行性和正确性的验证。同时，提出了顾及全链路误差相关性的全球多维网格定位推估技术，有效解决了少星和监测站不完备条件下的验证评估难题，实现全球一张网等效评估，为北斗全球导航定位授时服务的指标验证提供了有力支撑。

成果在多领域得到广泛应用

据了解，项目相关研究成果已应用于北斗全球系统建设管理机构、科研院所、军工企业、终端研发等多类型单位，创造了显著的应用效益，直接支撑了北斗全球系统建设，推动了北斗系统从区域系统向全球系统演进升级。

此外，该项目还提供了一种对复杂巨型航天系统的在轨等效评估方法，形成了国家级及行业级卫星导航领域系列标准，为我国低轨导航增强卫星系统、低轨商业通信卫星系统等星座的在轨验证与评估提供了极有价值的参考。而在北斗系统终端产品研制等产业方面，项目相关成果已在用户端实现了对北斗全球新信号、新体制的闭环验证，直接应用于接收机新体制信号跟踪方法研究、相关数据处理与分析系统研制等方面，推动了卫星导航系统芯片、板卡、天线、接收机等产品的测试评估、生产研发等全产业链培育和应用推广。

在国际合作方面，团队基于北斗试验卫星工程阶段形成的空间信号精度、空间信号质量、完好性服务、定位导航授时服务等试验评估技术，促进了全球卫星导航系统监测评估技术规范的形成，为全球卫星导航事业的发展贡献了中国智慧，显著提升了我国在卫星导航领域的国际地位。

胡志刚介绍，项目提出的北斗系统星地联合完好性监测与试验评估、完好性告警实时性验证等方法，为北斗公开服务信号单星 / 星座完好性指标的验证提供了重要支撑。在推动北斗系统纳入国际民航组织（ICAO）全球卫星导航系统标准体系的过程中，这些成果支撑了参数规范设计及性能评估等工作，并发挥了积极作用。此外，成果还应用于民航局空管局技术中心、中国交通通信信息中心等单位，推动北斗进入国际标准体系，为北斗系统全球规模化应用奠定了坚实基础。

为中国在全球导航领域争取更多话语权

据了解，北斗全球系统试验卫星在轨验证相关的研究成果还可在北斗新一代卫星导航系统中发挥关键作用，比如在技术提升与验证方面，相关北斗评估理论为系统性能提升提供科学依据，通过实测数据验证，可不断优化系统，确保其高精度和可靠性。在系统完善与兼容方面，北斗评估理论则有助于北斗系统完善自身性能，同时促进与其他导航系统的兼容互操作，提高全球导航服务的整体水平。而在应用拓展与创新方面，随着评估理论的深入研究，北斗系统将在更多领域得到应用，如智能交通、物联网等，推动相关产业的创新与发展。“可以说，北斗评估理论的成熟与完善，将提升北斗系统在全球卫星导航系统监测评估理论体系的影响力，为中国在全球导航领域赢得更多话语权。”胡志刚说道。

他还表示，到 2035 年，我国将建成一个更加泛在、更加融合、更加智能的国家综合时空体系。届时，从室内到室外，从深海到深空，用户都将享受全覆盖、高可信的导航定位服务。

获奖情况

北斗全球系统试验卫星在轨验证关键技术及应用

科学技术进步奖一等奖

AI的“真实触感”：探索AI与人类知识的融合之道

撰文 / 段大卫

随着人工智能新纪元的蓬勃兴起，特别是深度学习技术在自然语言处理领域的飞速突破，人工智能正日益渗透并拓展至众多行业与领域。自2016年以来，北京大学软件工程国家工程研究中心主任张世琨教授率领团队深入人工智能前沿，致力于相关研究与开发工作。

知识计算是提升人工智能认知能力的关键技术，依赖三类核心知识：语言知识（存储于语言资源库中，包含语法、词汇等语言规则）、世界知识（以知识图谱形式呈现，描述现实世界的事物及其关系）、预训练知识（存储在神经网络权重中，通过大量数据训练得来）。这些知识异质异构、分散且多模态，互为补充，

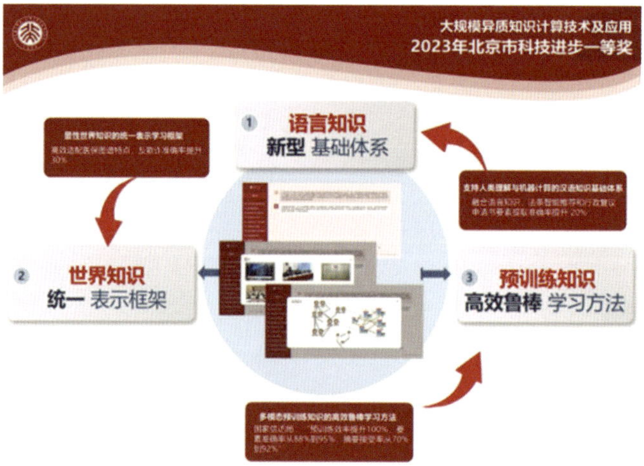

大规模异质知识计算技术及应用示意图

共同推动智能化应用发展。

在此背景下，张世琨团队尝试将语言知识、世界知识和预训练知识有机融合，以解决当前人工智能发展中存在的不足，并有效利用现有的资源。这一目标指引着他们在人工智能领域的探索和实践。

引入人类知识，构建 AI 语义理解新范式

张世琨团队在提升大语言模型理解和分析能力方面取得了突破性进展。通过将人类语言学知识、结构化知识图谱知识和预训练知识深度融合，大幅提升了模型在语义解析方面的准确性。该技术革新为多个行业的智能化应用提供了坚实的支撑。

语言学知识本身在刻画汉语方面表现出了较高的准确性，无论是字、词、短语还是句子的意思，都能帮助人们更好地理解和表达语义。例如，汉语通常以一个字为单位，这个单位包含了语音、语义和构词的基本元素。一个字往往代表多种意义，如何准确地表达一个字的意思，涉及一个字的多种语义表达，用一个“语义基元”来描述。在机器处理时，如何准确理解和选择正确的语义是一个重要难题，团队通过构建《汉语概念词典》，实现了更加精准的语义分析技术。

同时，知识图谱作为承载世界事实性知识的基础工具，在深度学习中发挥着不可或缺的作用。一个知识图谱可能包含诸如“苹果是水果”或“牛顿发现万有引力”这样的事实。通过表示学习，可以将“苹果”转化为一个向量，“水果”转化为另一个向量，使机器能够通过这些向量之间的空间关系来理解事实。然而，现有的表示学习方法在底层机制和内在联系上尚不明确，这在很大程度上限制了机器对知识图谱的深度理解和性能优化。针对这一问题，团队创新性地引入了数学中的广群概念，提出了一种统一的表示学习框架。这一方法显著提升了模型在系统化分析和推理方面的效率，使得模型能够更深刻地理解和处理世界知识，从而在多种应用场景中展现出更强的泛化能力。

异质知识计算平台，助力认知智能应用开发“降门槛”

智能化应用最大的挑战在于效果的提升，而知识计算正是攻克这一难题、推动认知智能发展的关键前沿技术。语言知识、世界知识和预训练知识作为三大核

心知识库，以语言资源库、知识图谱和神经网络权重的形式存在，但它们具有异质异构、分散、多模态和不完备的特点。异质知识计算平台通过构建异质知识的自适应动态融合框架，可以灵活地将显性语言知识和世界知识更好地融合，在提升应用效果的同时降低研发成本。

同时，在智能化应用的开发过程中，常常遇到资源不足、难以满足个性化需求，以及需要应对复杂环境等问题。这些现实挑战影响了智能系统的开发效率和实际效果，限制了智能技术的广泛应用。针对上述问题，团队构建了一个能够自适应融合不同类型知识的框架，并开发了多种高效实用的工具，支持信息抽取、自动摘要、智能问答、大规模检索等功能。这些工具能够快速适配不同领域的需求，大幅提升智能应用的开发效率和使用效果。

具体实施方面，整套平台提供了一个非常容易扩展的内在功能，并在平台中内置了许多智能模块，这些模块已经在多个行业得到应用，包括社会治理、法治、组织人事和医保等领域。例如，国家信访局的数据标注平台可以直接部署，如果需要进行简单的配置，就可以按照用户的方式进行文本标注，如摘要里的关键要素。因此，这是一套支撑开发训练的完善平台。在行业应用时，尽管目前的大语言模型已经具备非常强的泛化能力，但由于领域知识的不足，通用大模型无法解决特定领域的问题，因此，每个应用都有定制化的需求。

创新方法破解高校 AI 研究难题

从挑战的角度看，高校在研究人工智能时面临的一个主要瓶颈是算力。这意味着，尽管高校拥有先进的理论和算法，但受限于计算资源，可能难以开展理论的大规模实验和应用。算力不足会限制研究的效率和深度，影响高校在人工智能领域的创新和突破。

在数据方面，大家都能获取网络上公开的数据，因此需要比拼自己独有的数据。数据治理技术上需要更多创新，例如，团队构建了《汉语概念词典》和多个领域的特定语料库，这些是非常有价值的成果，可以提升知识计算的能力。在许多场景下，如解决幻象、特定行业的文本语义准确匹配等问题，都可以发挥重要作用。在算力资源有限的情况下，公开数据相当于竞争资源。团队需要更充分地考虑数据质量、多样性和综合各种指标，从而得到更加创新的数据治理策略，在更少的数据上训练出更强的知识计算能力，这是一个巨大的挑战。

此外，算法的迭代和创新通常需要大量的资金投入，同时也受到时间的限制。这些挑战要求他们必须寻找更科学的方法来优化实验流程，并利用规模更小的模型来更精确地预测在更强大的算力支持下才能实现的知识计算能力。为了应对这些挑战，团队已经开发出一套高效的实验流水线，这套流程能够显著提高实验效率。

综合来看，在高校资源有限的环境中，要实现基础技术的突破，团队必须面对数据和算法方面的重大挑战。这要求他们展现出更高的创新能力，包括艰苦奋斗和长期投入语言资源库建设的耐心。通过整合这些要素，团队能够将不同的技术融合成一个完整的知识计算框架，并有望在未来引领知识计算的新范式。在大模型时代，借助他们之前的积累，团队拥有更多核心优势，并正逐步以厚积薄发的方式推出新的成果。

以 AI 技术为引擎驱动多领域创新发展

人工智能技术的应用正在多个领域迅速扩展。例如，在与人员信息处理相关的领域，如数据管理和企业人力资源管理，人工智能技术的应用尤为突出。通过算法进行履历分析，这项技术已成为组织人事部门进行数据分析不可或缺的一部分。在招聘领域，人工智能技术能够有效地进行拆解和分析，帮助人力资源部门迅速识别应聘者的特长、教育背景和工作经历。此外，这项技术的应用范围还扩展到了法治、医保等其他领域。

随着技术的不断进步和团队的持续努力，张世琨团队有望继续引领知识计算的新范式，为人工智能的发展贡献更多的核心优势和创新成果。他们的故事和成就是对未来科技创新的有力证明，也是对所有追求卓越的科研人员的一种鼓舞。

获奖情况

大规模异质知识计算关键技术及应用

科学技术进步奖一等奖

光纤时频同步让传输更精准 让探测更深远

撰文 / 陈丽君

时间频率（以下简称“时频”）同步在现代生产生活中起着至关重要的作用，尤其是在涉及高精度、快速响应和多系统协同的场景中。在导航、基础科学、天文观测、国防安全、通信以及金融等领域，高精度时频同步都有着广泛而重要的应用。

在高精度时频同步场景中，传导介质是一个很重要的影响因素。光纤凭借低传输损耗和抗电磁干扰等特性，在时间频率精密计量领域脱颖而出。经历了从基础理论研究到技术突破，再到大规模应用的多个重要阶段，基于光纤的时频同步技术实现了同步性能指标的全面提升。

2023 年度北京市自然科学奖二等奖

清华大学课题组于 2010 年承担国家重点基础研究发展计划（973）项目；2016 年起先后承担了多项国家自然科学基金和国家重点研发计划项目，长期从事超高精度时频同步领域的研究，其成果水平处于世界前列。其中，皮秒级高精度时频同步及科学应用获得 2023 年度北京市自然科学奖二等奖。我们一起跟随清华大学课题组的脚步，追溯光纤时频同步的发展，钻研破解难题的技术，见证科学应用的成效，期待新机遇中的新成果。

地球的“神经系统”——光纤，为高精度时频同步筑牢基础

光纤时频同步最早源于深空网（Deep Space Network, DSN）的观测需求。高精度时频参考的同步和校准是 DSN 开展航天器空间定位、导航和追踪的关键。那么在光纤时频同步技术出现之前，人类是怎么进行时间频率校准的呢？

“在原子钟技术发展初期，人们采用搬运钟的方法进行同步和比对，然而这种方法限制了同步的实时性，同时对搬运钟稳定性和复现性有很高要求。”清华大学精密仪器系王波副教授介绍道。随着卫星技术的发展，目前异地时钟的时频传输与同步主要通过卫星链路来实现。利用卫星双向时频传输等方法可以实现 10^{-15}/ 天量级的频率传输稳定度以及纳秒量级的时间同步精度。随着现代高精度原子钟的快速发展，频率稳定度在 10^{-16}/ 秒的频率振荡器以及频率不确定度在 10^{-18} 的光钟相继出现。现有的时频传输和同步技术已无法满足高精度原子钟时频实时比对的需求，需要发展具有更高精度的时频传输与同步方法。基于光纤链路的时频同步技术以其低损耗、高稳定度优势逐渐发展成为一种新型同步技术，世界主要国家均已开展对此项技术的研究。

光纤作为玻璃的一种特殊形态，是如何被“挖掘”成为传导介质的？20 世纪 60 年代，华裔科学家高锟联合他的同事乔治 · 霍克汉姆提出通过光导纤维实现光信号传输的理论，并推断如果光纤的损耗可以降低到 20 分贝 / 千米以下，光纤就有望成为理想的通信介质。这一理论为光纤通信的发展奠定了基础。到了 20 世纪 70 年代，美国康宁公司成功制造出第一根低损耗光纤，将损耗降低到 20 分贝 / 千米以下，这是光纤技术发展的重大突破。该公司后来又研发出更低损耗的光纤，使光纤损耗降到 4 分贝 / 千米以下，为光纤通信的大规模应用提供了可能。

随着技术的发展和完善，光纤在居民和企业用户中广泛应用。

光纤到户的普及为宽带和互联网应用的快速发展提供了网络支持。2010 年以来，随着数字信号处理技术、相干检测、激光器稳定性等技术的进步，光纤通信进一步提高了传输距离和数据传输的抗干扰能力。当前，光纤通信正朝着超大容量、超高速和智能化方向发展。而人类铺设的光纤总里程已经超过 40 亿千米，光纤网络已成为人类最大的基础设施之一。密布于陆地与海洋的光纤通信网络，就像地球的神经系统，通过信息传输与交互这一光纤网络的本征功能，支撑着人类社会的高速运行。

除了光纤网络的本征功能，得益于光纤的低传输损耗和抗电磁干扰等特性，光纤网络也被开发用于时频的传输与同步。光纤时频同步网络的广泛应用使时频同步的稳定度、可靠性、覆盖范围不断提升。同时，大规模覆盖的光纤时频同步网络正在支撑高精度地基授时系统等国家大科学装置的建设；正在支撑平方公里阵列天文望远镜（SKA）等国际大科学工程的实施，使其大尺度分布式的相位相参测控需求得以实现；正在支撑东数西算国家工程的推进，满足其在分布式协同、数据实时一致性等方面的严苛要求。

实现皮秒级高精度时频同步的挑战与方法

时频的传输与同步就像计量体系的神经系统，维系着现代计量体系的正常运转。信息化应用对时频同步的相位时间差要求由微秒（10^{-6} 秒）级向皮秒（10^{-12} 秒）级提升。高精度时频同步也成为助力现代军事、通信、天文观测、智慧城市等领域进一步发展的重要因素。

时频同步的基本架构是“电磁波 + 传导介质”。光纤时频同步的技术基础是对光纤传输引入的相位噪声扰动进行探测，并在此基础上对探测到的相位噪声加以补偿和控制，从而实现光纤网络的时频同步功能。王波说道：“实现基于光纤网络的皮秒级高精度时频同步及科学应用，面临着三项挑战，分别是如何应对光纤色散、衰减及环境扰动引起的相位起伏，如何拓展光纤时频同步点对点应用维度，以及如何支撑大规模射电阵列实时相参合成。”面对这些挑战，清华大学课题组的总体思路是光纤传输与主动相位调控相结合。经过近 13 年的系统研究，形成了完整的理论体系。

科学发现一：高精度时间、频率、相位同步原理与方法

光纤传输受温度、色散、应力等影响。发射端的频率信号经过光纤链路传输后，受环境因素影响引入相位扰动，导致接收端复现频率相位稳定度出现恶化。一般通过往返传输后的频率信号与其参考源进行比对，从而探测到相位扰动项 $\Delta\varphi(t)$。通常经由两种途径对相位扰动项进行主动补偿，其数学表达式分别为

$$\Delta\varphi(t)=\omega_0\cdot\Delta t, \tag{1}$$

$$\Delta\varphi(t)=\int\Delta\omega(t)\cdot \mathrm{d}t \tag{2}$$

第一种途径，即式 (1)，是通过稳定传输链路的时延，来稳定复现频率信号，在这一过程中并不对传输频率信号进行调整。传输时延的控制是通过改变光纤的长度来实现对链路相位扰动的补偿：利用压电陶瓷补偿链路相位扰动的快变部分，利用温控光纤补偿其慢变部分。该方法主要用于光载射频和光频梳信号的频率同步，具有同步稳定度高且可对同一光纤的多路信号同时进行补偿的优点。

第二种途径，即式 (2)，是对传输频率按照 $\Delta\varphi(t)=\int\Delta\omega(t)\cdot\mathrm{d}t$ 实时预调整，使其补偿光纤传输引入的相位扰动。清华大学课题组的第一个原创点就是基于对第二种途径的进一步发展。课题组提出一种基于主动相位调控进行传输噪声补偿的新机理，通过对时频信号进行精准调控，实现对温度、色散、应力等链路扰动的抑制和时频信号同步。在 2012 年的实地实验中，实现了 7×10^{-15}/ 秒，$4.5\times10^{-19}/10^5$ 秒的传输稳定度测试结果。

第二个原创点是发展了被动传输条件下，基于相位共轭原理的绝对相位同步方法。被动补偿方法不需要进行主动相位控制，基本原理是用与频率成特定比例关系的信号构建相位共轭关系，从而自动消除链路引入的相位扰动。该方法具有原理简单、补偿范围大等优点。

目前，在射电天文观测、分布式授时网络等应用中，更多采用基于主动相位补偿的光载射频传输方法。不过该方法在长距离应用中受色散和非理想散射（以背向瑞利散射为主）的影响，导致信号的功率和信噪比有较大恶化，从而限制传输稳定度。为了补偿光纤链路色散，抑制背向瑞利散射，同时针对实际链路中广

泛存在的光放大节点非对称放大的需求，清华大学课题组提出了一种基于啁啾光纤布拉格光栅增强的双向光放大方法，并在清华大学至河北徐水往返共 514 千米的实地链路上进行了实验验证，进一步展示了系统在长距离多节点非对称放大光纤链路的良好适用性。

科学发现二：网络化光纤时频同步原理及方法

与卫星同步相比，基于光纤的时频同步方法一个显著的不足之处在于其覆盖范围的局限性——传统方案具有“点对点”结构，即一根光纤对应着单一发射端和单一接收端，这在很大程度上限制了光纤时频同步技术的应用范围。在研究该问题的过程中，课题组首先发现了在光纤链路中正反向传输的频率信号相位存在共轭反关联关系。基于此，课题组提出并演示了一种可在光纤链路任意位置处下载高稳定度频率信号的方法。该方法的应用使得光纤时频同步的应用维度从点对点扩展到点对面，不再拘束于传统方案的限制。为了实现更长距离的同步，课题组建立了级联结构下的频率同步稳定度演化模型，揭示了多跨度架构下的稳定性理论极限。该理论模型可支撑时频同步系统结构的进一步规模化拓展，使光纤时频同步的网络化建设成为可能。

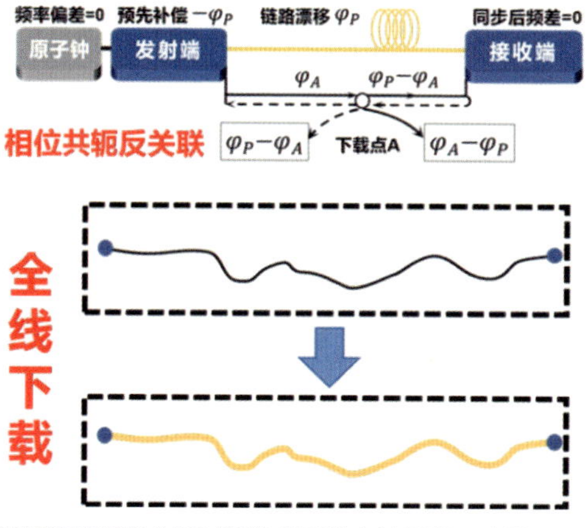

光纤链路任意位置时频信号下载方法原理示意图

科学发现三：适用于大规模射电阵列的望远镜端相位补偿频率同步方法

在实际应用中，通过发射端主动补偿进行时频同步无法满足大规模协同下的同步需求。对此，王波介绍，课题组构建了星型结构频率分发理论模型，发展了望远镜端相位噪声调控方法，解决了大规模射电阵列的频率同步难题，这也填补了光纤时频同步方法中的结构性空白。另外，课题组也发展了时间、频率、数据

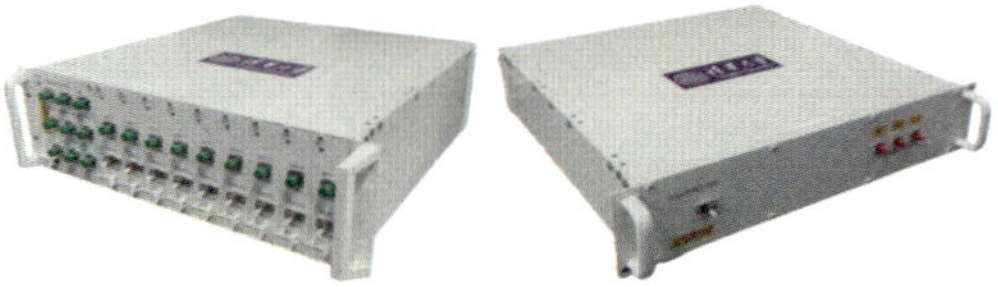

清华大学课题组研发的 SKA 光纤频率同步设备，
左侧为发射机，右侧为接收机

一体化传输方法，使大规模射电阵列长期连续观测成为可能。

在应用推进方面，课题组于 2013 年加入国际大科学工程 SKA 的信号与数据传输工作包联盟，并多次赴南非 SKA 站址和 SKA 天文台所在地——英国 Jodrell Bank 天文台开展实地链路频率同步和系统兼容性测试，所提出的频率同步方法在 2017 年被选定为 SKA 低频阵列最终频率同步方案。目前 SKA 已进入一期建设阶段，课题组所研发的光纤频率分发设备将部署在 SKA 澳大利亚站址。此外，同型设备还被英国曼彻斯特大学采购，用于英国 e-MERLIN 射电望远镜阵列授时与同步系统的升级改造。

光纤网络的未来有多远

光纤时频同步发展至今，为宇宙探索、量子计量等领域提供了关键支撑技术，而信息感知正在成为光纤网络的另一个功能延伸。科学家们一直努力探索，希望光纤通信网络这一地球的神经系统，也能像人类的神经系统一样，在信息传输本征功能之外，具备信息感知能力。王波介绍，这一功能延伸将为全球地质活动监测、智慧交通、基础设施安全监测等应用领域注入新的活力。

近年来，人们先后利用专用光纤进行了油气管线、周界安防、地层结构等方面的信息感知；并进一步利用既有光纤网络基础设施进行地震、海底地质活动、城市交通流量和高铁线路健康监测等方面的信息感知方法研究。正如联合国决议中所说，该领域的进一步创新可以在现代应用中提供各种机会。光纤网络正面临新的机遇——通感算测控一体化的光纤网络将有可能再一次对人类社会产生深远影响。

获奖情况

皮秒级高精度时间频率同步及科学应用

自然科学奖二等奖

希望永不“出场”的核电站“安全屏障”

撰文 / 贾朔荣

2016 年，我国研发设计的具有完全自主知识产权的三代压水堆核电创新成果——“华龙一号”海外出口首单在巴基斯坦正式落地，成为中国核电走向世界的国家名片。“华龙一号”创新采用“能动和非能动”相结合的安全系统和双层安全壳等技术，不仅实现了性能的极大跃升，也在安全上做足了文章。“华龙一号”实现了在事故情况下可安全停堆，且无大量放射性物质释放到环境，最大限度地保障公众和环境安全，而这离不开中国核电工程有限公司国内首创并自主研发的安全壳卸压过滤排放系统。

为安全壳卸压的“安全卫士”

作为一种能够提供稳定电力供应的新能源，核电具有清洁、经济等特点。积极有序安全发展核电，对于助力“双碳”目标实现具有重要意义。然而，由于技术要求高，加之核电站放射性物质泄漏等重大事故给公众及环境安全带来的负面影响，核电发展的安全性一直以来备受关注。

那么，核电是否“天生就不安全”呢？

目前世界范围内商用核电站大部分集中在压水堆、沸水堆、重水堆、快中子堆、石墨堆及高温气冷堆等堆型。“大众所熟知的切尔诺贝利事故和福岛事故，反应堆堆型分别是石墨堆和沸水堆。其中，切尔诺贝利事故是由于反应堆控制棒未能及时插入，导致核反应堆堆芯过热并引发爆炸，造成大量放射性物质释放到环境中。而福岛事故是由于地震和海啸导致全厂丧失电源，反应堆无法得到冷却，堆芯熔毁，引起反应堆厂房破损，导致放射性物质泄漏到环境。”中国核电工程有限公司核工程院系统与布置设计所所长丁亮介绍，“而经过 50 余年的发展与验证，目前国际国内主流的堆型是压水堆，其具有较强的安全性，原因在于设置了完整的具有极限承压能力的安全壳。”

系统与布置设计所副总工程师朱京梅介绍，数据显示，截至 2023 年年底，全球在运的核电站机组总量为 412 台，分布在 31 个国家和地区，总装机容量达 370170 兆瓦电力。其中，主要三种堆型及占比分别为压水堆 303 台（73.5%）、沸水堆 41 台（10%）和重水堆 46 台（11.2%）。而在建的核电机组中，压水堆占比达 84.48%。

“作为压水堆核电站最核心的构筑物，我们可以把安全壳想象成一个巨大的压力容器，类似高压锅。在核电站稳定运行的情况下，安全壳里边基本维持正常压力（有轻微负压），温度小于约 50 摄氏度的状态。”朱京梅介绍。

那么，有了安全壳，压水堆核电站是否就万无一失？如果“高压锅”内压力过大，超过承压阈值，会发生什么？“在核电事故，特别是堆芯熔毁的极端情况下，安全壳内将包容大量能量和放射性物质；这一过程也伴随着压力的急剧提升。一旦压力突破安全壳的极限承载限值，安全壳将发生破损，失去包容作用，进而导致原本被包容的放射性物质释放到外部环境中。”朱京梅解释。

对此，中国核电工程有限公司在国内首创并自主研发了“核电站严重事故下安全壳卸压过滤排放系统”，不仅可实现核电站在严重事故下安全壳的完整性保护，还能实现对卸压排放气体的高效过滤。如果把安全壳比作压水堆核电站的“安全卫士”，那么，这一系统就是守护安全壳的“安全卫士”，为进一步保障核电站安全筑牢了屏障。

希望“永不使用”的核电系统

“我们这套系统及设备主要实现两个目的，一是事故后为安全壳卸压，确保安全壳的完整性；二是对卸压排放的气体进行极为高效的过滤，确保放射性物质被滞留，不会影响环境安全。最为重要的是，我们设置了过滤回收，让事故后过滤并滞留放射性气溶胶的液体返回安全壳，确保事故后的核电站不会出现放射性物质滞留在安全壳外，避免污染环境及对维修人员的放射性伤害。”系统与布置设计所综合技术负责人杨理烽介绍。

当核电站发生堆芯熔毁的严重事故时，系统可在 0.52 兆帕（绝压）至 0.63 兆帕（绝压）范围内的压力区间开启，确保安全壳释压，从而不会因超压而破坏，保证其完整性。而针对安全壳内种类多、剂量高的放射性核素，设备根据其特性，分别针对气溶胶、有机碘、单质碘三类形态的放射性物质，通过串联二级（或三级）不同过滤模式的过滤设备，进行事故后各种放射性物质的有效滞留。

第一级过滤器为文丘里水洗器，是主要去除气溶胶和单质碘的装置；经过文丘里水洗器后，进入金属纤维过滤器，实现对第一级过滤的补充，并进一步过滤放射性物质；第三级特殊吸附材料过滤器可作为前两级过滤的有益补充，提升对有机碘的过滤效率，实现对环境更友好的设计目标。过滤后的气体经放射性监测仪监测并满足排放要求后，通过电厂烟囱排放到大气中。而针对事故后的废液，则通过重力返回管线返回安全壳，保证安全壳外无放射性废液滞留，进一步保障事故后维护人员的辐射安全。

作为首套应用在国内核电站的系统及装备，技术成果从研发、设计、试验、验证，到零部件及设备制造，再到全部实现核电应用国产化，不仅具有完全自主

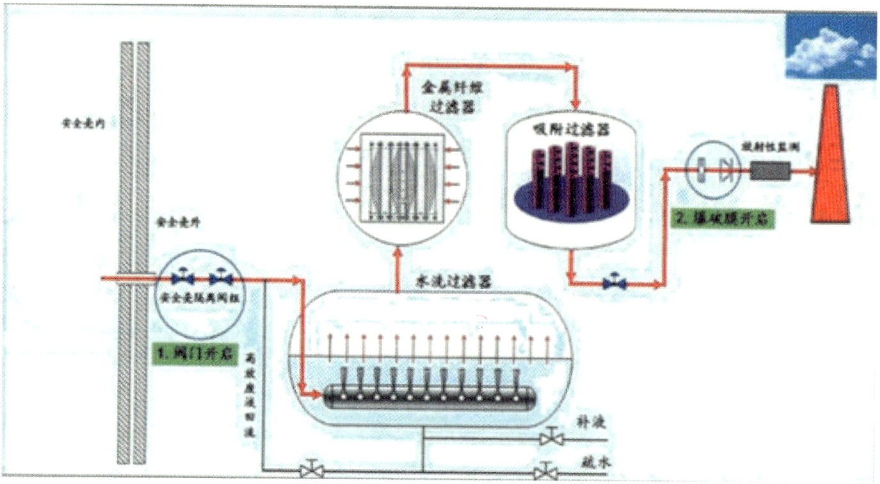

安全壳过滤排放系统流程图

知识产权，也展现出多模式、多级过滤、近零排放等先进技术特征，为加快我国核电“走出去”提供了有效助力。

截至目前，系统已安装于核电站并处于长期备用状态，对于朱京梅团队，他们希望系统永远不会派上用场，希望核电站如泰山般安稳，希望我国核电持续安全有序高效发展。

十年磨一剑

发展至今，项目攻克了众多技术难点，展现出多项关键技术创新：研发了新型文丘里水洗过滤器和金属纤维过滤器，对事故后的气溶胶达到了大于99.99% 的过滤效率，对元素碘达到大于 99.5% 的过滤效率；研发了特殊吸附材料过滤器，针对难以去除的事故后有机碘实现了高达 95% 的过滤效率；通过事故后返回管线的设计，确保了事故后电厂环境安全和人员安全……

然而，成功从来不是一蹴而就的。谈及系统及设备从创新立意到科研成果工程落地，朱京梅认为，“十年磨一剑”是最贴切的描述。“2006 年，我们接到任务要开展这一系统及设备的设计研发工作，”系统与布置设计所系统二室副主任龚钊回忆，“在 2009 年之前，我国核电机组中该设备全部依赖进口，不仅价格高昂，

朱京梅团队进行技术交流

售后维修等也存在困难。当时，我们就觉得，要做出一点自己的成果用在自己的项目上。”

从 2009 年开始设计研发第一代过滤设备到 2016 年研发第二代成果，以及发展至今的第三代技术，系统及设备的发展先后经历了技术难点攻关、发展环境变化、工程应用突破等多方面挑战，历经 15 年，终于迎来了现在的成果。

谈及技术难点，系统与布置设计所一、二级设备负责人薛卫光认为“数不胜数”。“以文丘里喷嘴的结构型式为例，吸液口的设计是关键参数，数据不同，获得的过滤效率就不一样。”龚钊补充道，“需要不断调整完善才能获得最优结果，我们做了上百组的数据对比。”

“特殊吸附材料的发现也经历了诸多波折。在第一代设备研发中，我们并没有找到有效的吸附有机碘的材料。在二代研发中，通过对比各种吸附材料的特性，才找到特殊吸附材料，从而研发了第三级过滤设备。”系统与布置设计所特殊吸附材料过滤设备负责人孙超杰补充道。

找到特殊吸附材料后，又迎来了构型问题。“刚开始考虑的是柱状，但气体穿过纵向柱状过滤模块时，沿纵向的过滤浓度不一样，无法实现均匀过滤；后来又考虑锥状，过滤分布均匀了，但试验后发现仍存在有限空间布置困难的问题。”杨理烽及孙超杰回忆道。最终，特殊吸附材料的构型采用了三个平板状的设计，采用“山”形布置方案，经试验验证，该方案能够保障最好地发挥过滤作用。

此外，核电发展环境的变化也一度为项目带来不小压力。2011 年 3 月福岛事故发生后，核电一度被唱衰。“当时项目一度面临停滞的局面，我们也受到了不小打击，但现在想来，当时发展步伐的放缓也给了我们更多时间去把工作做得更扎实。”朱京梅表示。

“从研发，到设计，再到设备落地，并应用于工程中，整个过程确实困难重重，但当看到设备验收的实物时，我有种发自内心的喜悦，觉得以往一切都值得。”薛卫光表示。

目前，项目主要技术成果已成功应用到出口项目海外首堆“华龙一号”巴基斯坦卡拉奇 2 号、3 号机组和国内田湾核电厂 5 号、6 号机组中，同时正在继续应用于国内及海外“华龙一号”和“华龙一号改进机型”等十余项在建核电工程。

采用这一系统及设备，较以前全部依赖进口，成本至少可节省 1/3。此外，“我们的系统采用湿式、干式与特殊吸附材料过滤相结合的模式，整体实现的过滤指标目前在国际上也达到先进水平。”朱京梅表示。

助力核电安全可靠发展

“在国家‘双碳’目标的指引下，核电迎来了快速发展的机会，但也带来了更高的要求，就是我们的核电要足够安全。”丁亮表示。

长期的技术设计及研发过程中，团队始终坚持以安全为本，在实现技术创新升级的前提下，为核电安全有序发展提供积极助力。

“对于可预知和不可预知的故障，我们都会在设计过程中给予充分考虑，保障核电机组始终处于安全运行的状态。”丁亮表示。

从一笔笔画出的设备图纸，到设备成品落地，团队始终聚力研发创新，而校企合作的创新模式也提供了有效助力。公司与哈尔滨工程大学建立了良好的合作关系，学校充分发挥科研能力，开展技术难点分析、数值模拟分析、实验验证等；公司则充分发挥在系统设置与分析、事故后放射性物质份额分析、系统运行策略研究等方面的优势，实现合作共赢，加速技术研发及落地的进程。

面向未来，在团队的构想中，系统仍将不断迭代升级。“这套系统及设备最大的意义在于，当发生极端假想事故的情况下，我们也有能力保护核电机组的安全，保护公众的安全，从而为核电发展，乃至‘双碳’目标的发展提供强有力的保证。”朱京梅表示。“我们自己也是公众的一员，希望通过我们的努力让核电的安全性更高，让大家不再‘谈核色变’。”丁亮进一步补充道。

对于系统及设备的其他应用场景，团队预期可将技术原理及路径应用于化工后处理以及小空间的核设施等，从而创造更大的商业价值。

获奖情况

核电站严重事故下安全壳卸压过滤排放系统装备研发及应用

技术发明奖二等奖

跨媒体感知计算：构建万物互联的基石

撰文 / 赵玲

当你漫步于繁华都市的街头，广告牌上的文字跃入眼帘，路人的对话在耳边回响，街景如画卷般展开。想象一下，在人工智能技术的精准捕捉与高效处理下，文字、声音、图像等信息不再孤立，它们相互交织，无缝融合。于是，一个万物互联、智能互动的梦幻世界跃然眼前，人们可以在日常生活中享受到前所未有的个性化服务和沉浸式体验，感受到未来生活的便捷与魅力。而要踏入这个梦幻世界的大门，离不开对不同媒体信息的协同感知。北京邮电大学的明悦教授及其团队在跨媒体感知领域深耕多年，他们的研究成果“面向宽带网络的跨媒体感知计算技术与应用”荣获了 2023 年度北京市科学技术发明奖二等奖，为多个重大项目提供了坚实的支撑，引领我们向未来生活的精彩画卷迈进。

编织智能生活的“经纬线”

随着多媒体和计算机网络技术的不断发展，网络空间的数据量正以惊人的速度增长，同时信息传播的载体逐渐由文本为主的形式发展为包含图像、视频、文本、音频等跨媒体形式。这些数据不仅需要被有效描述，还需要在时间和空间上保持一致性，以减少数据的存储、传输和计算压力。

但这并不容易。文、音、视等跨媒体数据及其超大尺度空间分布的情况，导致跨媒体感知中面临着空间分布性、时间异步性、认知交互性等新挑战。

具体来说，网络中的数据采集的环境差异较大，例如有的在室内，有的在室外，有的是白天，有的是夜晚。同一件事发生在不同环境里，就可能表达了不同的意思。比如同样是跑步，但在操场上跑步和在工厂里跑步，肯定是不一样的情况；同样是打架，白天和夜晚的识别准确度肯定也不一样。因此需要在时间和空间中找出一致性的处理规律。这不仅涉及数据的传输和处理，还涉及网络化处理，以适应不同时间和空间的需求。同时，不仅要能识别出个体，还要能够理解更深层的意思，例如，一段视频可能包含了洗菜、切菜到炒菜，要能够理解这整个过程是在做饭。

从 2010 年开始，北京邮电大学明悦团队就在跨媒体感知领域研究。最开始，团队研究的还是单点跨媒体处理，但随着网络数字化的发展，团队不断面临新的挑战，逐渐开始研究网络化跨媒体感知。他们决定依托既有的单点跨媒体处理方法，建立网络化跨媒体信息处理理论、方法和技术。

打造跨媒体数据的“翻译器”

在数字时代，信息就像是来自世界各地的游客，它们说着不同的语言，有着不同的习惯。这些信息的“语言”包括图像、文本和声音等，它们构成了所谓的跨媒体数据。有个挑战摆在我们面前：这些数据来源多样，表征不一致，有一个“多源异构”的特点，就像不同语言之间无法直接对话一样，难以直接度量它们的相似度，也难以综合利用。

团队的跨媒体感知计算技术，相当于为这些数据搭建了一个“翻译器”。这个“翻译器”让不同种类的信息能够相互理解，并快速、准确地传达彼此的意思。就像在一场大型国际会议中，每个人都能通过一个神奇的设备来理解其他人的语言一样。

团队系统性地开展了网络大数据跨媒体感知计算研究，解决了跨媒体数据多源异构、超大尺度时空互补、宽带网络多点协同等关键科学问题，突破了跨媒体特征关联机理和宽带网络时空一致性协同计算的关键技术，研制了一系列面向宽带网络的跨媒体感知计算平台和设备系统。

其中主要包括几个关键的技术点，团队围绕不同媒体数据的多源异构性，发明了多尺度融合的文、音、视不变性特征描述方法，发现了一维音频、二维图像、三维视频数据在尺度、旋转、平移上的不变性特征，实现了跨媒体判别信息的鲁棒提取，突破了音视频网络跨媒体数据的时空变化、粒度差异、维度变换等难题。图像及长时语音描述水平超过了当时的国际最好水平，BLEU-4 指标达到 40.3%。这就像是给计算机提供了一种强大的语言，让它能够理解图像、声音和文字之间的共同点，无论这些数据如何变化。

围绕跨媒体信息的时空互补性，团队发明了跨媒体关联及时间、空间、语义一致性特征学习方法，发现了高阶推理模型的时间、空间、语义表达一致性规律，实现了全监督和弱监督学习条件下定位精度 80.5% 和 76.8%，以及 57 太比特 / 秒电力网络数据核减时间从 10～30 秒降低到 3～5 秒。这就像是教会计算机如何将不同的信息拼凑在一起，形成一个完整的故事。

围绕宽带网络的多点协作性，团队发明了异构网络协同的分布式数据共享与融合机制，突破了跨域跨媒体数据调度的网络资源按需配置难题，提升了宽带网络数据传输的稳定性和高效性，研制了跨媒体物联产品及平台，识别准确率超过 96%，计算复杂度下降 89.6%。这就像是建立了一个全球性的计算机网络，让计算机能够共享和整合来自世界各地的信息。

该成果在 TMM、TCSVT、TASLP 等本领域顶级刊物发表高水平论文 60 余篇，获授权发明专利 48 项，出版专著 5 部，制定并发布国家标准 2 项、企业标准 2 项，并在国民经济众多领域推广应用，取得了显著的经济效益。

绘制跨媒体感知的“应用蓝图”

在日益数字化的世界中，跨媒体感知技术的应用非常广泛，如能源、交通、通信、金融、互联网等领域。该技术有 100 余家应用单位，直接服务 300 余家企业，并推广到多个国家和地区进行应用。

网络化跨媒体成果保障了超大时空跨度数据质量监测和运维平台的健康高效运营，为建设超高速、低能耗的大规模强智能电力设备奠定了基础。

2022 年北京冬奥会期间，全球的目光都聚焦于北京。为了确保这一国际盛事的供电稳定和网络安全，国家电网的保电人员部署了先进的跨媒体感知技术，利用“千里眼”实时监控电网及网络信息态势。与此同时，北京冬奥会也因其“绿色”理念而备受瞩目。以张北柔直工程为代表的绿电供应项目，使得北京冬奥会成为历史上第一届 100% 使用绿色电力的冬奥会。

这些成就背后，是研究团队与国家电网的紧密合作。他们基于原生图模型构建了“电网一张图”，开发了超大规模电力图计算平台和电力数据可信隐私计算

“面向宽带网络的跨媒体感知计算技术与应用”项目

平台，打造了电网拓扑分析系统、输电线路巡视图像智能分析系统和电网主设备知识计算引擎，为电网的智能化管理提供了强有力的支撑。

在通信领域，该技术支撑了浙江移动融合视频融合一张网的实践和探索，推动了监控感知平台的建设和研发。通过打造跨媒体感知与网络传输融合的监控网络，实现了对不同媒体平台的统一管理，为通信、交通、安防等领域的灵活调度和深度感知能力提供了升级，树立了算力网络应用的新标杆，引领了跨媒体计算从单点感知向分布式网络化感知的跨越。

跨媒体感知技术在政务新媒体的应用中也同样令人瞩目。以“平安车站”项目为例，智能视频平台为杭州东站提供了以“三防”（防疫、防恐、消防）为核心的未来枢纽数智安防解决方案。通过为上百路摄像头赋能 10 余种 AI 视觉能力，团队利用数字孪生技术复刻了东站枢纽，基于统一的数字空间，实现了全数据的可视化管理，大大提升了车站的安全性和管理效率。

跨媒体感知技术不仅为信息的多语言世界提供了一个强大的“翻译器”，更为构建一个更加智能、高效、绿色，万物互联的数字世界奠定了基础。让我们共同期待这项技术在未来带来更多的惊喜和变革，为人类社会的发展贡献更多的智慧和力量。

获奖情况

面向宽带网络的跨媒体感知计算技术与应用

技术发明奖二等奖

筑牢国家安全屏障 “零信任”守护业务安全

撰文 / 贾朔荣

随着全球政治、经济情况的不断变化，关键信息基础设施面临的网络安全形势日趋严峻复杂，数据泄露、窃取，电信 / 金融诈骗、高级别持续性威胁等网络攻击事件频发，为经济社会稳定运行带来了极大威胁。在此背景下，业务安全问题日渐突出，以“边界感”为特征的传统安全已无法完全满足特定场景下安全保护需要，于是，区别于传统安全的“业务安全”应运而生。

“魔高一尺道高一丈”，全方位守护业务安全

“业务安全并非完全抛弃了传统安全，而是在其基础上，把与业务更加贴合的安全做得更深而出现的独立分支。”谈及传统安全与业务安全的差别，北京芯盾时代科技有限公司（以下简称“芯盾时代”）研发部总监袁春旭表示。

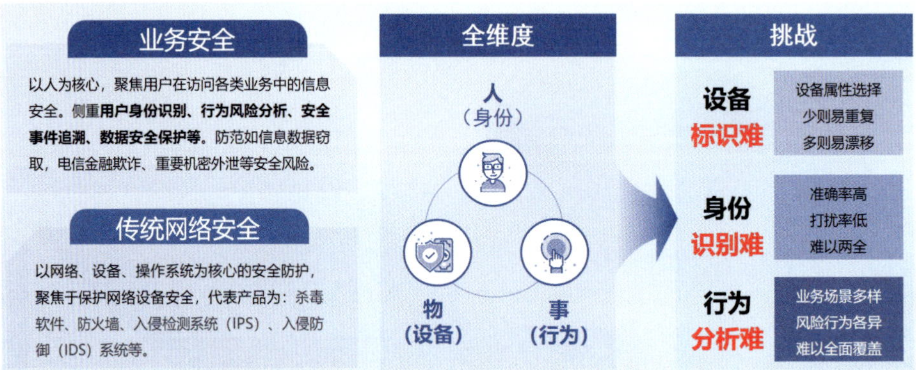

在传统安全基础上，实现对设备、用户甚至行为的精准识别

随着信息化的快速发展，企业网络架构变得越来越复杂，加之大数据、云计算等技术的运用，企业的应用系统逐渐云化，移动办公和远程办公成为常态的同时，也带来了新的安全风险。在此背景下，传统安全防护能力逐步下降。以防火墙为例，传统安全设备通过在网络边界配置 IP 和端口，设置“白名单”“黑名单”等形式实现对攻击源的阻断，更加注重边界感。而在有些业务场景下，仅靠在网络边界设置防火墙等形式无法实现较好的安全保护，比如业务场景需要在互联网完全开放的情况。

以各大银行手机 App 品牌为例，所有用户都需要通过自己的端口接入银行网络，显然无法通过传统设置“黑名单”和“白名单”的方式保障安全。此外，针对账号密码泄露而导致的财产盗刷等情况，传统的防火墙也无法完全解决。因此，在传统安全无法解决的业务安全场景应用维度下，一个新的分支——“业务安全”出现了。

“最早的时候，业务安全出现在金融行业。”袁春旭介绍。由于金融行业与百姓财产安全密切相关，因此对于业务安全应用的紧迫性逐渐增强。加之保密单位等对于重要数据保护的需求，以及避免因违规操作导致的重要信息泄露等情况，如何在传统安全基础上，实现对设备、用户甚至行为的精准识别，从而完全阻断业务安全风险成为业界的普遍呼吁，于是便有了“零信任”安全产品。

“零信任”是指不以网络边界为信任基础，而是基于“永不信任，始终验证”的原则，对用户、设备、应用等进行持续的身份验证和访问控制。“通俗而言，‘零信任’安全产品默认不信任企业网络内外的任何人、设备和系统，基于身份认证和授权重新构建访问控制的信任基础，从而确保身份可信、设备可信、应用可信和链路可信。”芯盾时代创始人、CTO 孙悦介绍。

“当然，我们不能在有了业务安全之后抛弃传统安全。传统安全就像挡在业务安全前面的防火墙，而业务安全则可视作业务的防火墙，二者存在一定递进关系，也可以相辅相成。”袁春旭进一步补充道。

实现“设备、用户、行为”三重精准识别

“安全总是隐身的！”基于芯盾时代、北京邮电大学、中移（杭州）信息技

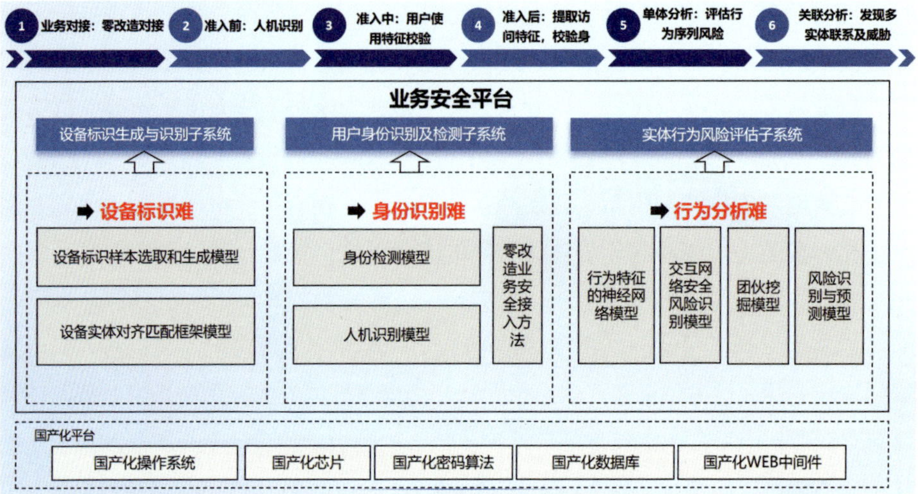

零信任动态身份与行为安全平台可实现对设备的标识、对用户身份的识别以及对实体行为的识别

术有限公司共同研发的“面向业务安全的动态身份检测、识别及行为风险评估关键技术及应用”，可实现 100 毫秒内延迟、准确率超过 98.96% 的业务安全保护。

通俗而言，基于该技术及应用的核心——零信任动态身份与行为安全平台，可实现对设备的标识、对用户身份的识别以及对实体行为的识别，作用于“坏人干坏事”“坏人伪装好人办坏事”“好人变坏人”“好人办坏事”等典型场景。目前，该技术广泛应用于全国近 6 亿台终端，保护业务系统 6 万余套，预警信息泄露近百次，挖掘犯罪团伙数百起。

就设备的标识而言，基于平台中芯盾时代的“基于回响网络和自举策略的设备标识识别技术”“基于孪生 Lasso 神经网络设备标识生成技术”等核心专利技术，可通过对设备不同属性进行加权赋值，采用模糊匹配的方式，自动识别设备不同属性权重是否在阈值范围内，从而判断设备是否发生改变。

“怎么判定设备哪些属性占的权重大，哪些占的权重小呢？这里边就需要通过我们的相关技术去筛选。以计算机为例，它里边硬件和软件加起来的属性成百上千，我们会把它取出来之后去比较不同设备之间的差异性到底体现在哪些属性上，从而判断该如何对不同属性进行加权赋值。”袁春旭解释。

针对用户，即“人”的识别，则分为人机识别技术和更进一步的针对用户终端使用特征、业务访问特征的身份检测技术。在做好人机识别的基础上，平台可针对用户使用终端的习惯及业务访问特征实现无感知的检测。

那么，这种检测的依据是什么？其实，“用户使用终端的习惯并不是随机的，而是符合一定标准和规律。比如某个爱坐地铁最末节车厢的人，他就会下意识地总坐末节车厢。”袁春旭解释，“而应用到终端上，以手机为例，有些人可能习惯仰角使用手机，那么他长时间都会保持仰角。此时，通过陀螺仪等内置的程序，便可以在后台记录用户的使用数据。此外，用户触碰屏幕的力度大小、按压节奏等信息，也会在后台长期记录。通过对用户多维度的数据记录，加之神经网络学习方式，终端便会形成对用户的画像。”

所以我们有的时候会发现，在打开某些 App 时，会让你输入账号密码，但并不是每次打开都需要。基于“零信任”的身份识别，当用户某些使用特征值极大地偏离平常的使用习惯时，便会触发识别与检测机制。“这个过程并不会打扰到用户。”袁春旭说道。

在此基础上，用户登录系统后的业务访问特征，也会成为身份检测的依据。如果细心观察，我们可能会发现，自己长时间使用一个软件时，工作模式其实是比较固定的。而如果别人使用了你的账号登录，系统也会根据用户的行为是否偏离平常的访问特征，而对用户身份提出怀疑。

“在此基础上，如果登录时间和地点等信息都与常用信息相悖，我们大概率就能判断用户的账号存在丢失的风险。”袁春旭说道，“此时，如果用户终端上安装了应用软件，也能通过设备标识进一步确认是否存在账号丢失的情况。”

“而这一切往往在用户无感知的情况下便已经完成了，一般不会延迟超过 100 毫秒。此外，我们的技术还有一项重点突破，能在业务系统零改造的前提下实现这样的评估与检测。”孙悦补充道。这种“零改造身份安全评估方法”也是芯盾时代的专利技术之一。

在对设备的标识和人的识别基础之上，还会有针对人的行为的更高阶的评估方法，包括基于多特征向量融合的团伙挖掘技术、基于用户属性及业务特征信息的神经网络模型等。“针对不同的业务场景，可以拓展不同的模型，实现‘定制化’

的安全保护。”孙悦说。

就系统的识别准确率而言，袁春旭介绍，针对设备标识的差错率可达到百万分之一以下，针对人的识别在实际商业落地环境中可以达到95%以上。综合判定，系统的识别准确率超过98.96%。

校企合作实现技术创新，为数字中国建设“保驾护航”

平台在实现针对设备、人、行为的三重精准识别基础上，还依托完全国产化的底座。“基于国产化操作系统、芯片、密码算法、数据库、WEB中间件，我们具有坚实的底层安全保障。同时，平台可充分适配国产化设备。”孙悦介绍。

发展至今，“从设备标识、人的识别、行为识别，到适配不同的业务场景，以及与人工智能等新技术新应用的结合，系统整体实现了较强的先进性，并不断提升便捷性，使得产品和整个价值体系在商业化竞争中处于领先位置。”袁春旭表示。

但系统创新并非一蹴而就。

芯盾时代自成立起便开始不断实现系统相关技术的突破和工程上的落地创新

作为最早提出业务安全理念的公司，2015 年，芯盾时代自成立起便开始不断实现系统相关技术的突破和工程上的落地创新。在此过程中，公司积极开拓校企合作的创新模式，发挥学校师生在科技创新方面的专业能力、创新能力以及实验能力，做好技术研发及实验验证；而研发人员则将想法和创新与场景相匹配，从而让新技术具有更强的实践性和商业价值。

“在此期间，无时无刻不在遇到技术难题。”袁春旭表示，“比如如何实现准确率的突破，如何更好地实现不同业务场景下系统的改进，等等，但当时我们坚信选择的方向是对的，所以一路坚持了下来。”

“刚开始研发时，团队成员大多都觉得这只是一份工作，可后来逐渐把它转变成了一种责任。我们逐渐意识到，通过我们的工作，不仅可以帮用户挽回损失，还能在涉及国家安全的一些问题上提供助力；此外，越来越多各行各业用户的认可也让我们对平台的未来发展充满了希望。”孙悦表示，“未来我们希望在夯实国家数字底座方面能够发挥更大作用。”

成立至今，芯盾时代已在零信任安全、大数据风控、反欺诈 AI 模型、终端威胁感知、数据安全等技术领域拥有近百项发明专利技术；牵头和参编 20 多项国家标准、行业标准和团体标准。公司覆盖企业全生命周期的业务安全解决方案已在金融领域、政府部门、央国企等 1000 多个头部客户企业落地，为 3 亿多终端提供业务安全防护，累计保护 30000 亿元金融交易，挽回超 100 亿元经济损失。

在芯盾时代的理念中，“人”是网络的核心价值点。公众虽然不直接面对业务安全，但日常生活中各种交互场景却无不与业务安全息息相关。谈及公众对技术的理解与参与，袁春旭认为，“希望大家知道我们一直在默默保护大家的切身利益和国家安全，并且一直在为之努力！”

获奖情况

面向业务安全的动态身份检测、识别及行为风险评估关键技术及应用

科学技术进步奖二等奖

构建多层次、全方位的高铁线路异常检测体系为高铁保驾护航

撰文 / 田云丰

随着全球城市化进程的加速以及交通运输需求的不断增长，智慧交通系统已成为提升交通效率、保障交通安全的重要手段。其中，智慧交通铁路检测作为智慧交通的重要组成部分，正日益受到关注。中国铁路更是在 AI 等科技的加持下，加速智能化，发生质的蜕变。

铁路的安全性和运行效率直接关系到国家经济的发展和人民生命财产的安全。伴随铁路路网规模扩大和成网运营，实现基础设施安全风险全面感知、设备状态准确评价、趋势变化精准预测，是确保铁路持续安全运营的重要技防手段。

我国铁路线路里程长、空间跨度大、情况复杂多变，这对铁路基础设施的高

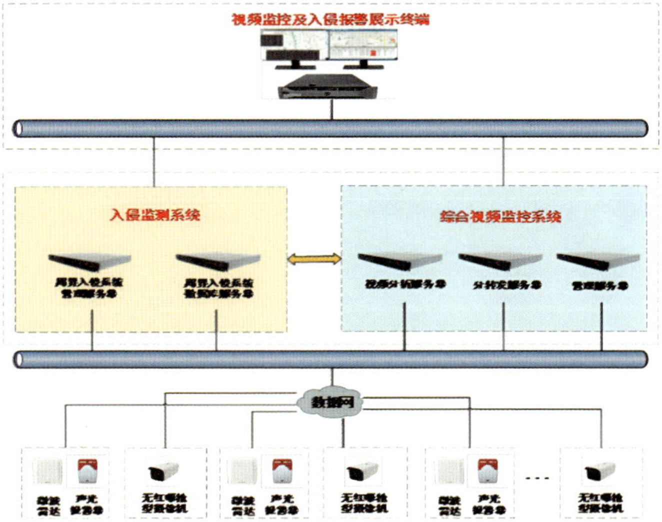

多模态全域感知和灾害监测系统架构

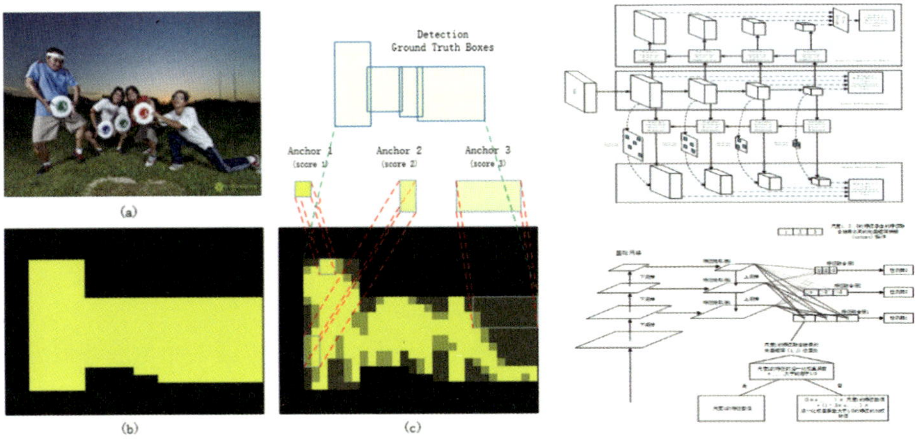

目标检测 + 弱监督语义分割架构

效安全运营维护提出了更高要求。为保障高速铁路高效安全运行，需要采用先进的技术手段，对铁路基础设施进行智能化的监测、分析、预警和维修，提高运营维护的效率和质量，降低运营维护的成本和风险。通号通信信息集团有限公司（以下简称“通号通信集团”）在“高速铁路复杂环境异常事件多模态全域感知关键技术研究及应用”方面不断深耕，将高精度实时目标检测技术与多种互补算法组合，并在高铁领域首次引入雷达点云与视频图像之间的多维度多模态端到端深度融合技术，同时加速和优化终端展示与人机交互界面，为高铁线路异常检测带来了全新的突破和应用。

创新高铁线路异常检测的融合算法

高精度实时目标检测是高铁线路异常检测的核心，它如同敏锐的眼睛，能够迅速捕捉线路中的细微变化和潜在异常。它通过先进的深度学习算法和强大的计算能力，能够迅速准确地识别出线路中的各种异常目标，如轨道异物、设备损坏等。这种检测技术不仅要求高精度，还必须满足实时性的要求，以便及时发出警报并采取相应的措施。

基于深度特征的区域差异检测算法为这一检测体系增添了深度和精度。通过对线路不同区域的深度特征进行细致分析和比较，它能够精准地识别出那些难以察觉的差异，哪怕是微小的损伤或变形也能无所遁形。这种算法就像是一位细致入微的侦探，从深层次挖掘出可能存在的问题。

基于视频编码的前端检测算法在前端发挥着重要作用。它如同高效的筛选器，在视频数据进入后续处理之前，就能够快速地初步判断并标记出可能存在异常的部分。这不仅大大减轻了后续处理的负担，还提高了整个检测系统的效率和响应速度。

当这些算法相互结合、协同工作时，它们形成了一个强大而全面的检测网络。高精度实时目标检测确保了整体的及时性和准确性，基于深度特征的区域差异检测则深挖细节，不放过任何潜在风险，基于视频编码的前端检测则在前端快速筛选，提高处理效率。同时，在目标检测领域，单阶段修正式（Single-Shot Refinement）目标检测算法一直是研究的热点。如今，通号通信集团通过引入弱监督语义分割并形成多任务并行训练的方式，为该算法带来了新的突破与发展。

在这一创新架构中，弱监督语义分割的融入是关键的一步。传统的语义分割往往依赖大量精确标注的像素级信息，但获取这样的标注数据费时费力。弱监督语义分割则巧妙地避开了这一难题，利用相对容易获取的弱监督信息来启动分割任务。

当与单阶段修正式目标检测算法相结合时，多任务并行训练的模式得以形成。在这个过程中，目标检测中不同位置、尺度和形状的锚框（Anchor）的分类结

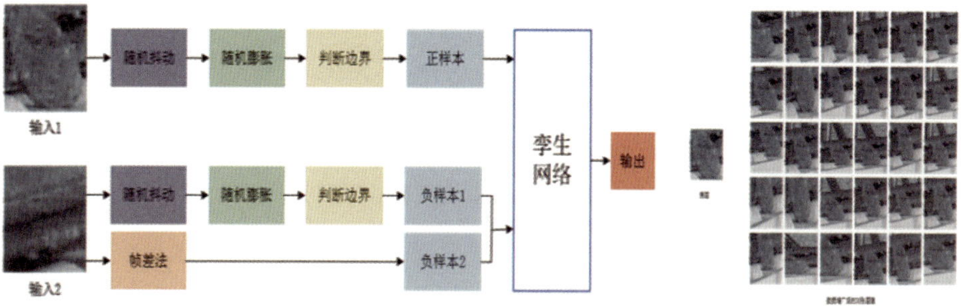

基于孪生网络的异物检测和训练数据增广

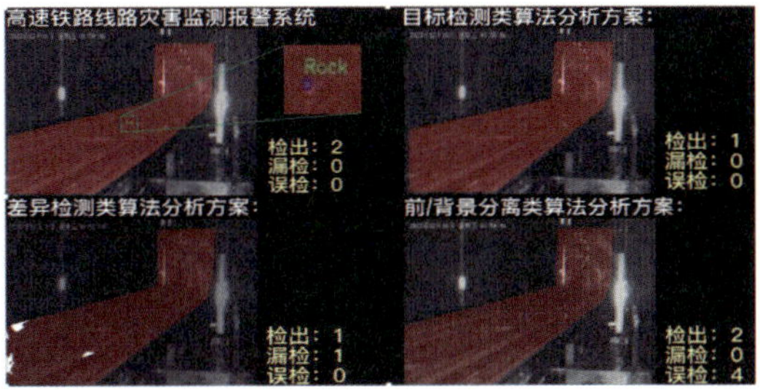

基于视频编码的高灵敏度线路灾害监测效果

果发挥了重要作用。这些分类结果中所蕴含的梯度信息成为宝贵的线索。

利用这些梯度信息，弱监督语义分割的标定真值能够被进一步精确到像素级别。这意味着原本模糊的语义分割边界变得更加清晰，分割的精度得到显著提升。这种精确化的过程对于促进语义分割和目标检测共享的基础网络提取更精确的目标特征具有重大意义。通过多任务的协同优化，基础网络能够学习到更具代表性和区分性的特征，从而在语义分割和目标检测两个任务上都取得更好的性能。

实际应用中，这种更精确的目标特征提取能力使得目标检测能够更准确地识别和定位各种目标，无论是在复杂的场景中还是面对小目标物体。同时，语义分割也能够更精细地描绘出目标的轮廓和区域，为图像理解和场景分析提供更丰富的信息。

点云与视频图像交互开启多模态特征学习

传统的高铁监测手段往往存在一定的局限性，难以全面、准确地捕捉高铁线路和设备的复杂状态。而雷达点云技术能够提供高精度的三维空间信息，视频图像则能展现丰富的纹理和色彩特征，将这两者融合，实现了多维度、多模态信息的互补。对此，通号通信集团在高铁领域首次引入雷达点云与视频图像之间的多维度多模态端到端深度融合技术，通过点云和图像这两种数据模态的交互，提升模型在多模态场景下的特征学习能力。

在模型的输入端，点云和图像分别被嵌入为 token，然后通过随机掩码策略将输入数据的一部分掩盖。接下来，这些 token 通过一个对称的编码 - 解码架构进行处理。该架构包含两个分支：一个用于处理点云特征，另一个用于处理图像特征。关键之处在于引入了共享解码器和跨模态重构模块，从而在重构过程中增强了不同模态数据之间的交互，使得点云特征能够从图像特征中学习到丰富的语义信息，反之亦然。

这种端到端的深度融合并非简单的叠加，而是在数据采集、特征提取、模型训练到最终结果输出的整个过程中实现无缝对接和深度交互。通过先进的深度学习算法和强大的计算能力，对雷达点云和视频图像进行深入分析，提取出各自的关键特征，并将其在深层次上进行融合。例如，在复杂的天气条件下，视觉图像可能受到影响，而雷达点云图像则能够不受光线、雾气等因素干扰，依然提供可靠的目标信息。多模态算法的融合使得高铁线路异常检测在各种环境条件下都能够保持良好的性能。通过点云和图像这两种数据模态的交互，能够充分发挥它们各自的优势。

在数据层面，可通过精心设计的数据增强和融合策略，将点云和图像数据进行有机结合，为模型提供更丰富多样的输入。在特征层面，利用深度学习中的特征提取技术，分别从点云和图像中提取有代表性的特征，并通过特征融合或交互机制，让模型学习到两种模态之间的关联和互补性，这有助于模型捕捉到更全面、更具判别力的特征表示。在模型层面，可构建能够同时处理点云和图像的多模态模型架构，通过共享部分参数或引入跨模态的注意力机制，促进模型在不同模态之间进行信息的交流和整合。

这一创新技术的引入，大大提升了高铁监测的智能化水平，为保障高铁的安全、高效运行奠定了坚实的基础。未来，随着技术的不断完善和优化，相信它将在高铁领域发挥更加重要的作用，推动高铁技术迈向新的高峰。

推动深度学习模型计算能力与用户体验的双重提升

深度学习模型复杂的计算需求常常成为制约其应用和发展的瓶颈，为了突破这一限制，利用专门的硬件设备（如 GPU、CPU、FPGA）的并行计算能力进行硬件加速成为关键的解决方案，但硬件加速并不仅仅依赖硬件性能的单纯提升，一系列复杂的算法和优化设计在其中扮演着不可或缺的角色。通号通信集团通过将专门的硬件优化技术与先进的软件框架巧妙结合，为深度学习模型在推理阶段的高效执行开辟了崭新的途径。

PyTorch 和 TensorFlow 是当今最流行的深度学习框架，它们在模型训练和推理阶段都有广泛的应用。然而，在推理阶段，尽管这些框架支持一定程度的硬件加速，但它们的通用性限制了其推理性能。这些框架大多使用动态计算图，这意味着每次推理时都会构建计算图，虽然灵活，但也因此很难进行深度优化。尤其是在CPU和GPU上，虽然PyTorch和TensorFlow能调用底层的硬件加速库（如CUDA、cuDNN），但由于这些框架是针对通用性设计的，它们无法对特定硬件（如NVIDIA GPU或Intel CPU）进行深入的优化。

ONNX（Open Neural Network Exchange）是一个开放的深度学习模型格式，旨在实现跨框架和跨硬件平台的模型互操作性。ONNX的作用不在于直接提供推理加速，而是作为一个通用的格式，使得模型可以在训练完成后，方便地转换为适合不同推理引擎的格式（如TensorRT、OpenVINO）。通过ONNX，模型可以在PyTorch和TensorFlow中训练，并转换为ONNX格式，从而在硬件推理加

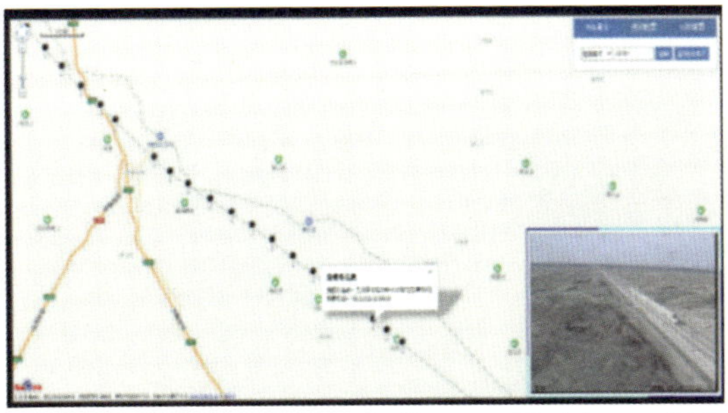

多维立体可视化效果展示图（a）GIS 展示

多维立体可视化效果展示图（c）AR 展示

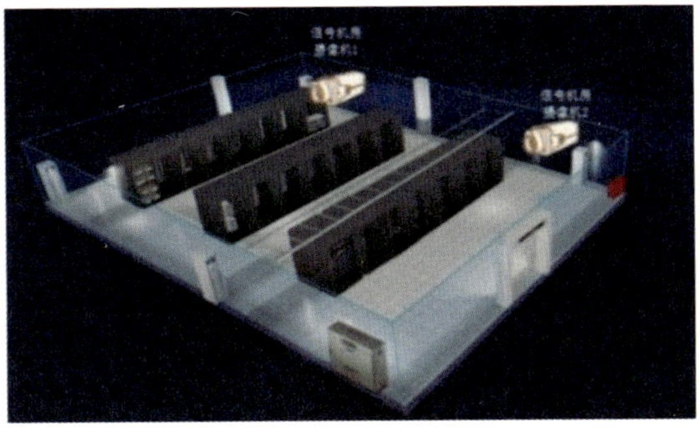

多维立体可视化效果展示图（b）三维展示

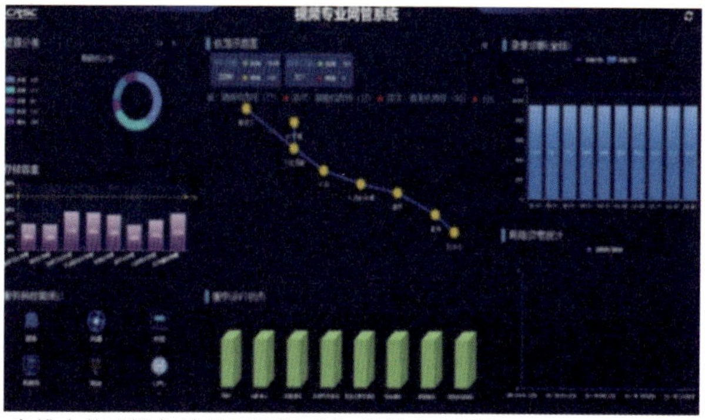

多维立体可视化效果展示图（d）统计分析展示

速引擎上执行。ONNX 的标准化接口和操作符集允许不同框架和硬件平台之间无缝切换，极大地提高了模型部署的灵活性。

总之，虽然 PyTorch 和 TensorFlow 这样的深度学习框架在推理阶段支持一定的硬件加速，但它们的性能远不如专门为推理优化的引擎，如 TensorRT 和 OpenVINO。尤其在 GPU 和 CPU 上，TensorRT 和 OpenVINO 分别通过深度的计算图优化、内核优化、精度量化和任务分配，极大地提高了推理速度和效率。ONNX 作为跨平台模型格式，使得这些加速引擎可以轻松接入不同训练框架并进一步优化。

这种硬件与软件的协同优化，使得深度学习模型在推理阶段能够以更快的速度处理数据，为实时应用和大规模部署提供了可能。无论是在图像识别、语音处理还是自动驾驶等领域，推理硬件加速都为实现更智能、更高效的系统奠定了坚实的基础。

获奖情况

高速铁路复杂环境异常事件多模态全域感知关键技术研究及应用
科学技术进步奖二等奖

2023年

北京市科学技术奖获奖项目

FLASH INNOVATION

创新在闪光（2023年卷）

推动高精尖产业发展

巧研高效燃烧技术，助生物质燃料焕发绿色新生

撰文 / 廖迈伦

随着“双碳”目标的提出，能源行业的转型升级面临新需求，大力发展新能源和清洁能源已成为我国能源发展的主旋律。在人们熟悉的“风”“光”运转、“绿电”生发、氢能驱动等新能源的助力之余，生物质作为一种可再生能源，具有巨大的潜力及环保价值。然而，尽管具有诸多优势，生物质在实际进行能源化利用的过程中还面临诸多实际问题，需要多角度、多维度进行技术赋能。

顾名思义，生物质是指通过光合作用而形成的各种有机体，包括所有的植物源材料。与化石能源不同，它们是来自新近生存过的生物。究其根源，生物质能的本质是太阳能以化学能形式储存在生物质中的能量形式，自古以来便是人类赖以生存的重要能源之一，在整个能源系统中占有重要地位。人们常说的“柴米油盐”中，排在首位的“柴”便属于生物质，是传统热能的主要来源。

聚焦生物质能源需求，攻克燃烧关键技术

作为清洁能源中的一种，生物质能源有诸多优势，其中最具代表性的有两大优势。

其一，生物质理论上是零碳，其中的碳来源于作物通过光合作用吸收的大气中的碳，燃烧后释放的碳依然回归大气。当然，在实际应用中，生物质在早期肥料、机械等投入，以及后期运输、储存的过程中，会不可避免地产生部分碳排放，但相比传统化石能源，碳排放量可谓九牛一毛。

其二，生物质具有一定的能量储存调节功能。众所周知，无论是风电还是光伏，都会直接受到天气的影响，具有不稳定性；生物质相对而言受到天气的影响较小，主要存在季节性，相对较为稳定，可以很好地起到调节与补充作用。

生物质在具有众多优势的同时，也存在明显劣势，其能量来源于太阳能，故缺陷与太阳能相近，即能量密度很低，可用性较差。生物质在进行能源转化时，能量转化效率较低。相较化石能源而言，生物质的种类繁杂，成分差别大，质量良莠不齐，尤其是富含碱金属，不利于燃烧组织，实现生物质燃料高效、清洁燃烧对燃烧技术与设备均具有更高的要求。

研发具有更高适应能力的高效生物质燃烧关键技术至关重要。面对“双碳”目标的战略需求，清洁、低碳等关键词也已成为生物质燃烧领域的重点方向。面向生物质领域国家重大战略需求，清华大学能源与动力工程系长聘教授张衍国带领团队深入研究探索，历经十余年的攻坚克难，最终攻克了生物质清洁高效燃烧关键技术的难关，取得了原创性发明并实现了产业化，为生物质的能源化利用奠定了坚实的技术基础。

“多分级多流程多燃料循环流化床燃烧技术”在原理和装备两级层面取得了突破，解决了循环床小型化及多燃料适用难题，确保了技术的经济竞争力和节能环保优势。

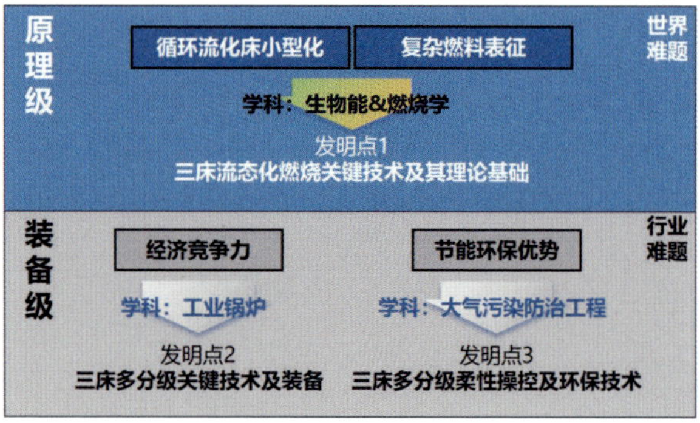

多分级多流程多燃料循环流化床燃烧技术的发明点及学科归属

打破传统观念，实现“小型化”与“高效性”同享

知常明变者赢，守正创新者进。面对与传统能源不同的生物质能源的需求，团队创造性地发明了三床多分级多流程多燃料循环流化床清洁高效燃烧技术，在多类型燃料适应性与能源转化高效性等方面取得了重大突破。

稻壳、树皮、秸秆……无论是何种类型的生物质，都能在这项技术的助力下，转化成可供利用的能源。通过多分级物料平衡、多流程物料循环调控、分级配风、动态传热计算以及确定燃烧室出口温度的新方法，彻底解决了传统生物质锅炉燃料适应范围窄的难题。如今，被新技术赋能的新型燃烧装置并非只依赖干净的高热值燃料“作为口粮”，它就像一个“不挑食”的能源转化器，将五花八门的各种生物质“吞吃入腹”后，将其进行转化，从而为人们的生产生活提供重要的能源。

更为难得的是，在“不挑食”的基础上，保障了设备的小型化与高效性。一般而言，作为工业装置的锅炉设备容量越小，效率会越低，而装置越大，效率则会越高，往往“鱼与熊掌不可得兼”。

具体而言，在地球上，受重力影响，当燃烧后的颗粒在气流带动下上飞时，会受到终端速度的限制。燃料成灰的特性，决定了其颗粒度基本在几十微米到几百微米的量级。这种情况下，炉膛内输送颗粒的风速需要维持在 4 ～ 5 米 / 秒，才能将颗粒带起来实现物料循环。同时，从燃烧角度来看，燃烧需要的最短时间乘速度，便是燃烧设备的最低高度。因此在设备容量小到一定程度后，高度便很难继续降低，炉子的横截面便会随着容量变小而越来越小，直至成为一个很细的柱状体。这时，炉子的表面积会很大，即传热面积非常大，导致冷却过度，从而无法维持燃烧反应需要的 700 ～ 900 摄氏度的温度。因而此前国际上普遍认为，循环流化床无法同时满足燃烧设备的小型化与高效性。

令人惊喜的是，张衍国团队却将传统意义上的“不可能”变成了“可能”。相较于传统循环流化床的“立式”结构，团队发明了全新的“卧式”循环流化床锅炉结构。他们创新性地将直立燃烧室“折二化一为三”，原本的物料单回路循环变为双回路、多流程循环，创造出了独特的三床流态化低温燃烧环境，另辟蹊径解决了循环床锅炉燃烧设备小型化问题。该技术适用于 130 吨 / 时及以下锅炉，用于 10 ～ 75 吨 / 时锅炉时优势更为明显。

应用该技术设计制造的中小型多流程循环流化床热水锅炉、蒸汽锅炉和导热油锅炉，解决了常规工业锅炉燃料及工况适应性差、热效率低的难题。

避免有害污染物“逃逸”，守护大气健康

青山行不尽，绿水去何长。美好的生态环境是古人留给我们的宝贵遗产，在工业发展的过程中，“以绿换金”并非长久之道。由此，团队在满足高效性的基础上，

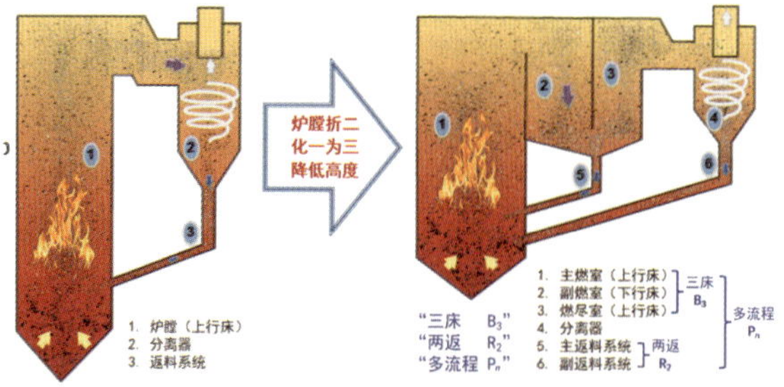

新型卧式循环流化床锅炉结构及原理示意图

十分重视污染物排放的控制，目前已实现优于天然气排放标准的超低排放。

对于工业锅炉而言，需要控制的排放污染物主要包括粉尘、二氧化硫（SO_2）和氮氧化物（NO_x）。其中，氮氧化物排放的控制对于传统锅炉而言具有很大的挑战性，但在这项新技术面前，却不再是难题。团队发明了多分级低氮燃烧关键技术，提出空气 / 燃料多分级技术路线，在燃烧过程中对氮氧化物进行控制，使其初始生成的量大为减少。随后，再借助简单的选择性非催化还原技术，实现低成本非选择性催化脱硝，即在适宜的温度区间通过喷枪喷入尿素溶液或氨水，实现除去氮氧化物的目的。

在控制氮氧化物排放的基础上，团队也对二氧化硫的控制十分关注。虽然生物质本身含硫量不多，但国内现有生物质并不都是“白燃料”，即未被污染过的新鲜的树皮、秸秆等，而可能是废家具、废模板等，可能有油漆或其他化学物质附着其上，此时脱硫便成为不可或缺的一环。因此，团队研发出耦合炉内控制与烟气脱除技术，实现了同时脱硫脱硝；良好的炉内分级给入技术，在炉内实现对硫化物的“抓获”及“转化”，以免它们跑到炉外，对环境造成污染。粉尘的去除，早已是通用的成熟技术，只要将其与新技术进行组合，便可经济、高效地实现燃烧污染物同时脱除的超低排放。

“煮豆燃豆萁”，变废为宝开启供能新路径

为学之实，固在践履。充满闪光点的创意与技术，更需要付诸实践，并进一步推动其产业化。与清华大学同为该项技术核心专利持有人的热华能源股份有限公司承担了该项新技术产业化的重任，将这项新技术源源不断地推向生物质供能的应用实践。如今，项目在燃用秸秆、树皮、锯末、稻壳、玉米芯、中药渣等多

种生物质燃料领域均获得了成功应用，与华能集团、中种集团、中粮集团、华润药业等大型企业开展了众多相关合作，解决了客户的绿色清洁用能需求。

或许难以想见，作为生物质燃烧领域的研究团队，会与药企开展合作。事实上，这与中成药的制备过程密切相关。制药时，需要用煎煮法把中药药材加水煮沸，随后提取其中有用的成分，在此过程中会产生大量的废弃药渣。大型中药厂一天有可能产生多达几百吨的药渣，若直接转运处理会消耗大量的人力、物力、财力。将药渣简单干燥后作为燃料燃烧，便能实现能源化利用，使其变废为宝，一方面避免了转运处理的问题，减少了对环境的影响；另一方面也为制药过程提供了生产用的高品质蒸汽，填补了部分能源缺口，巧妙地实现了自我利用，打造了绿色供能的循环经济。

基于前述诸多优势，该技术特别适用于燃烧生物质散料，也能够处理高水分、低热值的生物质类废弃物，在稻谷加工、咖啡烘焙、烟叶复烤、酿酒、酿醋等领域，也已被广泛应用。稻谷壳、咖啡渣、烟梗、酒糟、糠醛渣等这些曾经被弃若敝屣的废弃物，如今却成为工艺流程中能源供给保障的关键部分。科技的温度，让“燃烧”拥有了更多可能。

放眼全球，国际首创的三床多分级多流程多燃料循环流化床清洁高效燃烧技术，在性能、性价比等方面已具有强大竞争力，排放指标处于国际领先水平。在海外推广的过程中，也得到了诸多肯定，如今已在美国、蒙古国、印度尼西亚等国家实现了应用。如在美国的阿拉斯加，通过燃烧锯末进行发电，弥补大型电网缺失而造成的电量缺口；在蒙古国则被用于采暖，帮助他们度过寒冷的冬日；在印度尼西亚，则是通过燃烧咖啡渣，为其工艺生产流程提供能源。

受文化、习俗与使用场景不同影响，在进行海外推广时，团队也会根据用户需求对操作系统及控制系统进行完善，并通过微调满足不同群体的差异化需求。

开启全新设计理念，推动工业理论底层逻辑升级

从创新到引领，探索永不停止。在生物质燃烧领域，尽管已跻身世界前列，但在张衍国看来，依然有众多亟待提升与更新之处，需要团队协力突破。

在技术领域，更为先进的热化学转化技术等待团队的探寻与开发。同时，面

多流程循环流化床锅炉生物质供热项目

对崭新的产品应用诉求，需要不断推进，如面对未来可能出现的气化需求，即将固体燃料转化为合成气，再通过燃气轮机、内燃机等设备发电，需要调整现有技术流程；面对微型生物质锅炉的需求，进一步实现微型化，打造蒸发量每小时 10 吨以下的气化式快装锅炉，从而更广泛地满足生物质能源分布式需求……这些均是团队一以贯之潜心研究的目标。

诚然，技术难题的突破与产品使用需求的满足至关重要，但对于整个行业发展而言，想要整体性地更上一层楼，离不开设计理念的革新。众所周知，传统的锅炉动力装备往往是静态设计，聚焦一个设计点，根据给定条件进行设计，呈现“一对一”的关系。在实际运转中，往往是“多对一”的关系，性能要求往往是一个足够好的点，但输入条件却是一个很宽泛的域。张衍国表示，期待通过“连点、成面、成体”开启全新的设计理念，实现工业理论底层逻辑的升级。作为一个系统性的调整，毋庸置疑需要经历漫长的理论形成过程，对于热化学转化领域甚至工业领域登上崭新的台阶，将具有深远而重大的意义。

获奖情况

三床多分级多流程多燃料循环流化床清洁高效燃烧技术及应用
技术发明奖一等奖

电子束辐照新技术，破解废水处理全球性难题

撰文 / 吉菁菁

工业废水污染对我们生活的环境造成了严重危害。传统的废水处理方法要么效率较低，要么成本高昂，难以有效应对这一问题。电子束辐照废水处理技术作为一种新兴手段，为解决这一全球性难题提供了先进、安全、环保、高效且清洁的解决方案。

2019 年根据真实事件改编的电影《黑水》，通过戏剧化手法讲述了工业废水污染造成的可怕危害：附近农场动物全部悲惨死亡，大量当地居民罹患各种癌症。该片不仅让全世界认识到“持久性有机污染物”对环境和人类健康造成的持续负面影响，而且引发了公众对废水污染的广泛关注。虽然在 2017 年，被剑指的事件原型——化工巨头杜邦公司最终同意支付 6.7 亿美元以和解多个水污染诉讼，但最令人毛骨悚然的是，片中涉及的污染物至今依然存在于环境里。

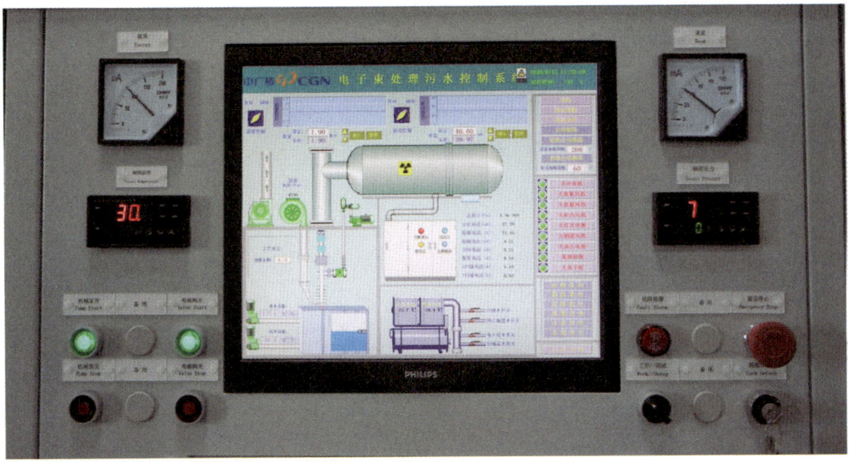

利用新型自屏蔽电子加速器对医疗废水进行辐照

据联合国《世界水资源发展报告》数据，全球 80% 的废水不加处理就流入了生态系统中，其中不乏各类细菌、抗生素、消毒剂、激素及工业产生的溶解物和碳氢化合物等，带来难以想象的严重后果。同时，在气候变化加剧、水资源紧缺的大背景之下，对废水处理再生并循环使用的需求也在日益增长。作为一种被长期忽视的资源，经过深度处理后的废水其实可以是一种效益高、可持续被多次重复利用、安全可靠的替代性水源，不仅能缓解水资源需求，有益于环境和生态系统，也能为全球的经济、工农业和能源安全提供有力支持。由于工业废水中污染物种类繁多、成分复杂，并且彼此之间可能发生相互反应，因此创新难降解工业废水的处理技术已成为全球亟待解决的重要课题。高能电子束辐照技术作为一种有效的难降解废水处理手段，已成为国际环保技术领域的研究热点，国际原子能机构（IAEA）也将其纳入和平利用核能的未来主要研究方向。清华大学核能与新能源技术研究院的王建龙团队通过环境科学与工程学科与核技术应用学科的交叉与融合，发明了电子束辐照废水处理新技术，实现了从基础研究、技术创新到工程应用的跨越，并通过 10 多个标杆工程项目，为解决废水处理这一全球性难题提供了先进、安全、环保、高效、清洁的解决方案。

面向国家重大需求，啃下工业废水治理的“硬骨头”

“绿水青山就是金山银山。”随着“美丽中国”建设的深入推进和我国对高

核废物处理及水污染控制装置

水平保护和高质量发展的持续推动，工业废水治理已经成为我国环保领域中一块必须要啃下的“硬骨头”。

之所以长期被视为一个世界范围内的“老大难”，是因为工业废水的种类繁多、组成复杂，污染物种类和浓度各异，因此治理难度和治理成本都异常高昂。例如，来自石油化工、纺织印染、电力冶金、造纸食品等多个行业的废水各有不同的特殊性。有些污染物浓度极高，导致传统废水处理方法效率低下；有些污染物化学稳定性强，可以在环境中持续存在并累积，难以通过传统废水处理方法进行降解；还有些污染物具有特异性和高毒性，不仅需要特定工艺设备，处理方式复杂，且往往需要大量化学试剂，增加了时间和金钱的成本，并要求严格的监控和管理。一旦处理不当，就会在废水处理过程中产生有害的副产物，从而造成二次污染。那么，随着近年来我国工业的持续快速发展，废水治理这块“硬骨头”究竟该如何攻克？

2002 年，从事核废物处理及水污染控制的王建龙团队注意到国际上有一种新兴的废水处理方法——电子束辐照技术，相比传统废水处理方法，其优势和潜力巨大。在传统废水处理方法中，物化法（吸附、混凝、沉淀）、生物法（活性污泥法、厌氧消化等）效率相对较低，而高级氧化技术、膜分离技术则成本昂贵。而电子束辐照技术不但能快速处理多种类型废水，在去除水中有毒、难以降解的有机污染物方面表现突出，且同时具有能量可调、剂量可控、处理速度快、处理能力强等优点，避免了废水处理过程中常见的二次污染问题。

虽然电子束辐照技术有着绿色、高效等明显优势，但在应用层面仍存在现实的局限性。不可或缺的电子加速器设备不但成本昂贵，而且具有相当高的制造与设计门槛。在当时，一台比利时进口的电子加速器设备成本高达 1000 万元，而相比之下，我国国内的电子加速器市场几乎是一片空白。如何将这项技术投入真正的实际应用中并有效控制好成本？王建龙团队感到了科学家肩上特有的使命感和紧迫感，“核技术应用在美国占到 5% 的国民生产总值，但在我国却不足 1%。这项技术可以作为我国核应用领域的一个大的‘抓手’，如果能够推动国产电子加速器制造及应用的发展，将极大地推动我国核技术应用领域的发展；同时，改革开放以来我国经济已步入腾飞发展阶段，环保技术也必须要与时俱进、不断升级。环保领域内长期缺乏我国主导的创新技术，我们也铆着一口气发展属于自己国家的国际先进经验。”

凭借十几年实验室和技术积累的“金刚钻”，王建龙团队申请承担了国家重大科学仪器专项、水专项、863 课题、国家自然科学基金重点课题等多项重要科技任务，秉着“从实验室到生产线”“打通科技成果转化最后一公里”的终极目标，团队经过长期实地考察和调研，同时发挥刻苦攻关、锐意创新和敢为人先的精神和决心，联手国内生产企业填补了国产加速器市场的空白，打造了废水处理专用的电子加速器及成套装备，终于啃下了工业废水治理这块“硬骨头”。

发明辐照反应器助力，建成世界最大电子束废水处理设施

王建龙团队介绍，电子束辐照新技术可处理难降解有机废水、抗生素废水、含致病菌废水等，一方面能通过加速器产生的高能电子束流打破有机污染物的化学结构，将其分解转化为无害物质，另一方面当其照至水体时，还可以使水分子分解产生具有氧化性的羟基自由基、还原性水合电子和氢自由基等活性物种，从而与水体中的难降解污染物进行反应达到去除的目的。无须添加其他任何化学药剂，处理时间小于 0.1 秒，既纯净又高效。

2017 年，我国首座使用电子束辐照处理工业废水的设施落成于浙江省绍兴市，王建龙团队的第一个推广应用项目成功应用于被称为“最难处理的工业废水”之一的印染行业。印染行业包括退浆、精炼、漂白、丝光、染色、印花、整理等多道工序，产生的工业废水具有成分复杂、水量大、浓度高，大部分呈碱性且色泽深的特点。尤其是在生产过程中由于新型助剂、染料等物质的广泛使用，使得废水中含有较高的盐分和难以降解的有毒有机物质，从而大大增加了废水处理的难度。该印染厂原采用臭氧作为废水的深度处理工艺，但一直存在着出水 COD（化学需氧量）不能稳定达标的问题。“废水处理中，出水 COD 的高低是衡量处理效果的重要指标。 COD 反映了水体中有机物污染的程度，出水 COD 高表明处理效果不佳，有机物去除不彻底。不仅会对环境造成负面影响，还可能导致成本增加。采用电子束辐照工艺处理后，出水 COD 稳定在了 50 毫克 / 升以下，色度 10 倍以下。”王建龙介绍。

在保证处理废水质量的前提下，如何进一步扩大废水处理量？电子束辐照技术处理废水的效率，主要取决于水流吸收辐照剂量分布的均匀性，在辐照剂量一定的情况下，废水接受辐照剂量均匀性越高，辐照水处理的效率越高。而在处理工业废水的过程中，水流通过反应器来接收电子束辐照。基于水流接收辐照时的流体力学特性与电子束本身的特性，王建龙团队巧妙利用环境工程、化工反应器及环境流体力学的原理，发明了一种能够快速形成超薄水膜的辐照反射器，这种反射器突破了辐照水处理技术在工程应用中的瓶颈，使水流能够更均匀地吸收辐照剂量，从而进一步显著提高了电子束辐照处理工业废水的效率。

2020 年，基于王建龙团队的电子束辐照技术和加速器设备，我国在广东省江门市建成了世界上最大的电子束技术废水处理设施，日处理印染工业废水高达 3000 立方米，同时处理后出水 COD 成功稳定在 50 毫克 / 升以下。该项目的成功运行标志着我国自主创新的电子束治污技术水平已经走在世界前列，迈入了大规模商业化应用阶段，为解决我国乃至世界工业废水综合治理难题贡献了中国智慧、提供了中国方案。

提升新污染物治理能力，核技术应用未来前景广阔

自 2022 年起，我国政府工作报告中连续 3 年提及新污染物治理，标志着我国在生态环境保护方面的转型升级。我国环保工作已经从传统污染物的“黑臭水体”等感官指标治理，向具有长期性、隐蔽性危害的新污染物治理阶段发展。

那么，什么算是新污染物？它主要指那些具有生物毒性、环境持久性、生物累积性等特征的有毒有害化学物质，但尚未纳入环境管理或者现有管理措施不足。作为世界上最大的化工产品生产使用国和最主要的化工原料供应国，我国在产在用的化学物质超过了 5 万种，每年同时新增上千种新化学物质，而有毒有害化学物质的生产和使用正是新污染物的主要来源。

新污染物一方面与公众较为熟悉的传统污染物（如二氧化硫、氮氧化物、PM2.5 等）有所不同；另一方面随着对化学物质对环境和健康危害的认识不断深入，以及环境监测技术的不断发展，新污染物的种类繁多，且可能持续增加。目前国际上广泛关注的新污染物除了持久性有机污染物，还包括内分泌干扰物、抗生素、微塑料等，共计四大类。“新污染物危害严重，风险隐蔽，在环境中难降解，在生物体中难代谢。其涉及行业众多，产业链长，替代品和替代技术研发较难，电子束辐照新技术除了能高效环保处理废水，也正好是它们的克星。”王建龙说。

抗生素菌渣是发酵类药物原料药生产过程中产生的固体废物，由于抗生素菌渣中含有残留的抗生素，会对水体及土壤产生危害，因此在2008年被国家列入国家危险废物名录。但其实，抗生素菌渣中还含有丰富的蛋白质和氨基酸等资源，如果直接作为危险废物处理，会造成资源浪费。我国是世界上最大的抗生素生产国及使用国，解决抗生素污染问题刻不容缓。2021年，王建龙团队针对该问题在新疆维吾尔自治区伊犁哈萨克自治州建立了电子束辐照处理抗生素菌渣项目。利用电子束辐照技术，能有效降解菌渣中的抗生素并杀灭耐药菌和消除抗性基因污染，实现抗生素菌渣无害化处置，处理后的抗生素菌渣可以用作优质肥料，实现资源的回收利用。

除了废水和固废处理，电子束辐照技术还可以用于废气的治理。例如通过高能电子束辐照废气促进生成强氧化性活性粒子，与废气中的硫氧化物、氮氧化物等进行反应，实现废气的脱硫和脱硝，且添加氨还可制备农用肥料，变废为宝。

截至目前，王建龙团队已成功建立了10余个电子束辐照废水处理的工程项目，涵盖了印染废水、医疗废水、抗生素菌渣、垃圾渗滤液、危废浓液、城镇废水、制药废水、化工园区污水、焦化废水以及油气田废水等多个领域。团队研究成果不仅在国际学术期刊上发表了100多篇SCI论文，还获得了30多项发明专利。

“做研究要理论联系实际，只有通过实践验证过的理论才能真正创造出有用的技术。”王建龙表示，核技术已经在全球范围内广泛应用于环境保护领域，并且随着科技的不断进步，正朝着更加安全和可持续的方向发展。下一步，团队将继续深入探索电子束辐照技术的更多应用场景，致力于为未来能源体系开辟更多新的可能性。

获奖情况

电子束辐照处理废水的关键技术、装备及应用

技术发明奖一等奖

突破汽车底盘线控关键技术，加快实现汽车科技自立自强

撰文 / 张雷　王震坡　丁晓林

汽车底盘线控技术是智能驾驶的基础与核心，相关技术被国际汽车零部件巨头博世、大陆等企业长期垄断。“车辆底盘线控关键技术及产业化应用”项目研发了底盘线控驱动、线控制动、线控转向系统以及域控制器等核心部件，实现了我国线控底盘部件自主可控，支撑了我国由汽车大国向汽车强国迈进。

2023 年，我国汽车全年产销均超 3000 万辆，连续 15 年保持世界第一。要实现我国由汽车大国向汽车强国转型，汽车核心技术突破是重中之重。

目前，汽车俨然成了“奥运健将”，原地转圈、横向平移、跳高、舞蹈，仿佛无所不能。这些功能并不是炫技，而是实在好用，让高速行驶安全稳健，狭窄空间灵活自如，横向泊车易如反掌，崎岖道路如履平地……在汽车行业新一轮的变革中，智能驾驶成为大国科技博弈的新高地。线控底盘作为“执行”环节，堪称智能驾驶技术的“咽喉要地”。但是长久以来，市场 90% 以上的份额都被国际巨头所垄断，如何实现国产替代便成为我国技术提供商和整车企业努力的目标。

为自动驾驶奠基，线控底盘崛起

汽车底盘先后经历了机械底盘、电动底盘技术变革，并随着移动互联网、大数据、云计算、人工智能、新材料等新兴技术与汽车产业的快速融合，正朝着“线控化”方向迈进。线控底盘取消了执行器与操纵机构间的机械连接，电信号控制实现底盘驱动、制动、转向功能，是传统车辆向智能车辆跨代发展的必然选择，也是全球汽车科技竞争制高点之一。但无论是传统汽车底盘，还是新型线控底盘，核心技术都被国际汽车零部件巨头博世、大陆等企业长期主导，突破底盘“卡脖子”

线控制动系统产品——ESC

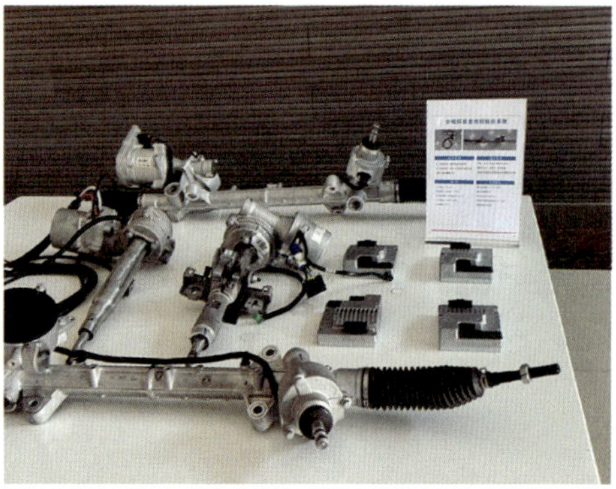

线控转向系统产品

技术难题，打破国外垄断迫在眉睫。

得益于国家在智能新能源汽车领域长期政策支持，自 2005 年以来，项目组由北京理工大学牵头，以国家重大科技攻关项目为牵引，协同开展了车辆底盘线控关键技术攻关工作，特别是 2017 年申报并获批了国家重点研发计划“分布式纯电动轿车底盘及整车产业化研发”项目。

之所以要下大力气开展汽车底盘关键技术攻关，当时主要有三方面考虑。一是新能源汽车和智能驾驶发展需求：新能源汽车的发展催生了智能化需求，而线控底盘技术是实现高级别智能驾驶的关键技术；二是车辆行驶经济性提升需求：线控底盘系统操纵机构和执行器机械解耦，可通过制动能量回收提升车辆行驶经济性；三是安全性和响应速度提升需求：采用电信号传递控制需求，系统响应速度和精度都有显著提升，此外制动、转向等关键执行器可实现双重甚至多重冗余，有效提升行驶安全性。

此外，底盘技术攻关突破有利于打破我国汽车智能底盘核心零部件长期依赖进口的被动局面。2021 年之前，我国车规级线控部件产品基本 90% 依赖进口，作为实现智能驾驶的核心零部件，线控部件产品的技术路径、功能需求和定价规则等完全受制于人。因此，研发自主可控线控底盘部件刻不容缓。

项目团队以高安全、高可靠为目标，历经十余年技术攻关，提出了线控底盘多目标多执行器分层协同控制技术，建立了线控驱动、制动、转向等部件自适应动态跟踪精准操控技术及多维冗余可重构容错控制技术，并成功研发了线控底盘域控制器、线控制动系统、线控转向系统等产品。项目总体技术达到国际先进水平，线控底盘协同控制与线控制动控制技术国际领先，对车辆底盘“卡脖子”技术突破发挥了重要作用，获 2023 年度北京市科学技术进步奖一等奖。

科技攻关，推动我国汽车产业技术升级

线控底盘取消了执行器与操纵机构间的机械连接，通信线直接传输驱动、制动、转向指令到终端执行器，具有结构简单、响应快、可控性强等优势，是汽车行业核心技术和产业竞争焦点。

北京理工大学联合国内多家高校、零部件供应商和主机厂开展联合技术攻关，突破了线控底盘协同控制、线控部件精准与容错控制等关键技术，研发了域控制器、线控制动和线控转向产品并批量产业化。

在底盘安全性方面，项目团队提出的线控底盘多目标多执行器分层协同控制技术，攻克了线控底盘协同控制难题。以前，汽车在冰雪打滑路面、高速甩尾等复杂工况下，底盘部件都是独立工作，各自为战，很容易出现控制目标冲突问题，项目研发的线控底盘协同控制技术能让车辆在极端工况下依然保持安全稳定行驶。

针对线控部件高精度控制问题，项目团队创新地开发出“机械解耦、软件闭环”控制架构，不仅提高了制动的灵活性，还可实现更高效的能量回收。项目开发的

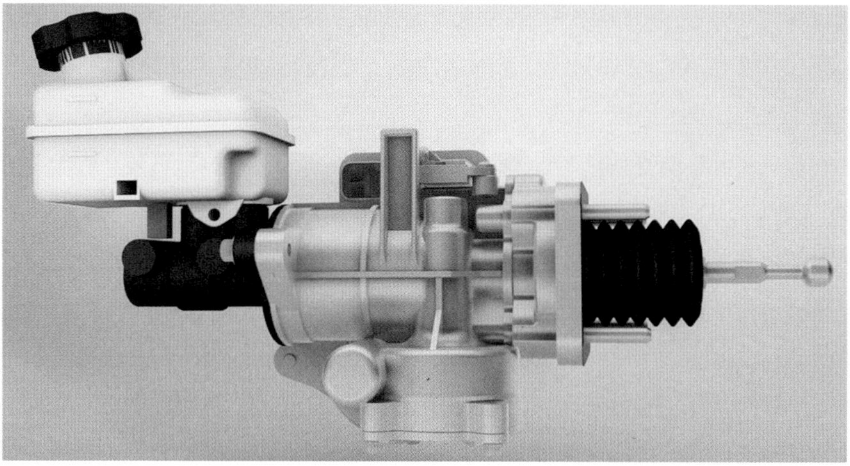

线控制动系统产品——NBS

线控制动系统在 CLTC（中国轻型汽车行驶工况）测试中，制动能量回收率提升至 29.7%，较同类供应商的 20% 回收率，提升了近 10 个百分点。

针对线控底盘核心部件可靠性差、安全性低的痛点，项目团队构建了“供电－通信－传感－控制－执行”全域冗余备份架构与多维冗余可重构容错控制技术，即使发生电源或通信故障，线控制动系统仍可保障车辆安全减速和可靠驻车。

项目开发的线控底盘技术不仅让汽车操控更精准、更安全，还将推动智能驾驶技术的发展，并推动汽车产业技术升级。

成功实现国产替代，打破国际零部件巨头垄断

线控底盘技术长期以来被国外厂商垄断，如博世、大陆集团和采埃孚。这些国际零部件巨头早在 20 世纪 90 年代就开启了线控底盘的研发，占据了超 80% 的国内市场。2020 年，博世线控制动产品市场份额甚至一度超过 90%，占绝对优势地位，并且在产品交付时，以黑盒交付的形式，让使用人员无法知道其中原理，从而无法进行替代。

项目团队研发了具有独立自主知识产权的线控制动、线控转向和域控制器产品，并在北汽新能源、一汽、福田、金龙、比亚迪等企业产业化应用，实现了国产化替代，打破了国外博世、采埃孚等企业的垄断。目前项目产品已经配套 20 余家整车企业，2022 年配套量达 53 万台套，2023 年的配套量达到了 45 万台套。搭载项目线控底盘技术的金龙阿波龙，是全国首辆具备 L4 级别自动驾驶能力的商用级无人驾驶微循环电动车，相继在北京、武汉、福州、佛山等 25 个城市实现商业化落地运营。

一般来说，自动驾驶分为 5 个级别，L4 级别被称为高度自动驾驶。在金龙“阿波龙”问世前，国内没有 L4 级别的无人驾驶车辆，可以说，无原型车、无法规、无标准可以遵循借鉴。为保证 L4 级别无人驾驶平台顺利落地，项目组争分夺秒、夜以继日进行底盘线控技术的攻关和反复验证。研发过程要克服许多难题，比如，线控制动控制精度、响应时间等必须要满足自动驾驶车规级要求，并且保证整体是安全的。譬如，在项目开发之初，制动的小开度精度较差，点刹问题较为明显，导致自动驾驶时乘客的舒适性不佳，经过多次数据分析以及反复的台架测试得到丰富的试验数据，另辟蹊径，从压力控制和制动盘优化等角度入手，最终攻克了这个难题。

搭载整车出口海外，提升我国智能新能源汽车国际影响力

2024 年 11 月 14 日，我国第 1000 万辆新能源汽车在武汉驶下生产线，我国新能源汽车年产量首次突破 1000 万辆，产业规模再上新台阶。目前我国新能源汽车产销规模已经连续 9 年稳居全球第一，无论是市场化、产业化，还是规模化、全球化，均实现了质的飞跃。

有人认为，中国新能源汽车成功出海的密码在于“别人不能生产时中国可以，别人可以生产时中国相对便宜”，一旦中国的成本优势不再明显，只能陷入价格战的恶性循环之中。但是，从 2019 年的出口价格 5000 美元 / 辆上涨到 2022 年的平均 2.2 万美元 / 辆，中国新能源汽车不仅实现了出口量的飞跃，也实现了产品力的增长、价值的倍增。这一切的背后离不开我国新能源汽车电池、电机、电控等全方位的自主知识产权积累和核心技术突破。

项目开发的高安全、高可靠车辆底盘线控技术不仅打破了国外供应商的技术垄断，也提升了产品利润空间和技术竞争力。搭载项目技术成果的红旗纯电动 SUV“E-HS9”批量出口挪威等欧洲国家，吸引了国际市场广泛关注；金龙新能源城市客车以及阿波龙智能巴士出口意大利、西班牙、瑞典、日本、韩国、智利等 140 多个国家和地区，产品出口量连续多年位居行业第一，支撑自主品牌走出国门，提升了我国民族汽车品牌的知名度和影响力。

未来，项目团队通过进一步提升我国汽车品牌电动化和智能化水平，在全球汽车市场上持续保持竞争优势，用可靠的质量、丰富的功能吸引海外消费者，不断开拓海外市场，助力我国坐稳世界第一新能源汽车出口国，引领全球汽车产业转型升级。

获奖情况

车辆底盘线控关键技术及产业化应用

科学技术进步奖一等奖

中华文字智能心
——汉字与计算机的奇妙结合

撰文 / 阮帆　廖迈伦

汉字的发展，一直与科技进步密不可分，从蔡伦改良造纸术，到毕昇的印刷术，从王选院士的激光照排技术到今天的智能生成技术，科技创新与文化传承共同谱写了中华文明不朽的乐章。

汉字，作为世界上最古老的文字之一，承载着中华文明的深厚底蕴，最早可以追溯到甲骨文、金文等古老的文字形式。从仓颉造字的传说，到秦始皇“书同文”的历史壮举，再到王羲之等书法大家的传世佳作，发展历经千年，逐渐演变出了篆、隶、草、行、楷等无数风格迥异的字体。每一种字体都承载着不同历史时期的文化特色和艺术风格。这些字体不仅是文字的载体，更是艺术的瑰宝，记录着中华民族的智慧与情感，反映出中华民族独特的审美观念和审美追求。

矢量中文字体智能化设计与自动生成系统

然而，随着科技的进步，如何将这些珍贵的字体数字化，让它们在现代计算机中重现光彩，成为一项艰巨的任务。

文字的魔法：从古老到智能的蜕变

想象一下，当你想要一款独一无二的字体，只需在屏幕上轻轻一点，一个融合了你的个性和创意的字体便跃然纸上。这不再是遥不可及的梦想，而是由科研工作者通过中国文字智能计算与自动生成技术实现的现实。

海量的中国文字字体，每一种都拥有独特的笔画、结构和风格，如何将它们精准地转化为计算机可以识别的数据，成为摆在我们面前的一道难题。

在这一历程中，我们不能不提到王选院士，这位计算机文字信息处理专家，被誉为计算机汉字激光照排技术的创始人。王选院士带领团队研制出汉字激光照排技术，让中国印刷的历史告别了“铅与火”，进入了“光与电”时代，为中国新闻、印刷等全过程的计算机化生产打下了基石。

进入智能化时代，中国文字又面临新挑战：如何实现大规模高质量中文字体，特别是矢量字体、特效字体、手写字体的快速制作与自动生成？

传统的字体制作生产工艺往往需要耗费大量的人力、物力和时间，因此，探索一种高效、准确、智能的字体数字化与自动生成方法，成为科研工作者们共同努力的方向。

在王选院士精神的传承和激励下，北京大学王选计算机研究所连宙辉副教授带领的团队及其合作者在汉字字体辅助设计与自动生成领域取得了新的突破。“中国文字字体智能计算方法与自动生成关键技术”项目荣获 2023 年度北京市科学技术奖技术发明奖二等奖。这项技术通过先进的计算方法和人工智能技术，成功破解了海量文字字体数字化与自动生成中的一系列技术难题。

智能计算的奥秘：小数据带来大奇迹

这项技术背后的核心，是智能计算方法与自动生成技术的完美融合。项目团队首先通过计算机图形学和人工智能的技术，给计算机装上了一双“慧眼”，让它能够“看”懂海量汉字的形状和结构。

你可以再次展开想象，你正在用一支神奇的画笔，在虚拟的画布上自由地书写汉字。无论书写的是端庄的楷书，还是潇洒的行书，甚至是充满艺术感的特效字体，这支画笔都能精准地捕捉并还原你的书写意图。这背后，就是字形鲁棒表征方法的功劳。

这种技术通过一种度量空间对齐的字形特征嵌入方法，让计算机能够学习到字形特征嵌入，从而能够重建多种字体风格的字形标准形态。这样一来，无论是何种复杂的字体，都能被计算机精准地识别和生成。而且，这种方法还能有效应对字体风格和背景噪声的干扰，让生成的字体更加准确和稳定。

项目团队还发明了一种无后效性的行文动态时空特性刻画方法，即使是潦草风格的文字，也能被计算机准确地识别和生成，而且不会出现笔画断裂或字形结构错误的问题。

此外，对于艺术字体的生成，项目团队还提出了一种可解释性的艺术字效统计表征方法，这样一来，生成的艺术字体不仅具有高度的可识别性，还能保留原始艺术字体的独特风格和美感。

有了精准的字形表征方法，接下来就需要高效地将这些表征转化为计算机可以处理的数字模型。这时，多模驱动的字形高效建模技术就派上了用场。

多模驱动的字形高效建模技术是解决汉字数字化过程中数据获取困难、精度不足等问题的关键，该技术通过融合多种信息源（如图像、轮廓、笔画等），实现了对汉字字形的精准描述和高效建模。

通过图文协同的字形情境设计方法，这项技术突破了字形字效与自然图像之间的形态鸿沟，实现了风格连续可控、图文匹配的艺术字形生成。这意味着，你可以将喜欢的文字风格与背景图片进行融合，生成具有和谐美感的可视媒体作品。

此外，项目团队还发明了一种基于多粒度解析的矢量汉字字形扩增方法。这种方法通过深度神经网络学习和回归目标字形的间架结构，并应用矢量部件复用机制，从而生成具有输入字体风格的矢量字形。这样一来，用户就可以根据自己的喜好和需求，轻松地生成个性化的矢量字体了。

对于矢量字形的高质量建模，项目团队还提出了一种图像图形互补学习的矢量字形高质量建模方法，从而生成高质量的矢量字形。这些字形在轮廓平滑度、准确性和控制点数量上都能媲美人类设计师的作品。

有了精准的字形表征和高效的建模方法，接下来就可以开始生成个性化的字体了。这时，构形引导的字体可控生成技术就发挥了重要作用。

这项技术通过一种轻量级的手写中文字体风格解耦方法，将用户书写 / 设计风格分解为字形书写轨迹形状风格和字形外轮廓渲染风格。然后，采用神经网络模型和统计学习方法分别对这些解耦后的字形风格进行有效建模。这样一来，用户只需在纸上书写少量的汉字，并拍照上传给系统，系统就可以自动生成一个包含 27533 个汉字、具备该用户书写风格的手写体中文字库了。这种方法不仅规避了训练深度学习方法所需的大样本量问题，还大大降低了字体生成的成本和时间。

一体化协同制作：打造文字生成的“超级工厂”

接下来，便是字体生成的关键步骤。项目团队利用形状匹配、特征提取、神经网络生成模型等技术，构建出中文字体一体化协同制作系统。这个系统就像是一个神奇的“超级工厂”，整合了上述所有技术，将字体生成、紧致压缩、特效制作与渲染显示等各个环节紧密地联系在一起。

对于手写字体的生成，系统设计了多种虚拟笔形笔刷技术，有效建模了秀丽笔、软笔、毛笔等多种笔头风格。用户只需在触摸屏上书写少量的汉字，系统就可以自动补全完整字库所需字形，并生成完整的手写中文字库文件。

对于特效字体的制作和渲染，系统设计了特效字体制作工具和渲染引擎。用户可以在标准黑白字体的基础上，便捷高效地增加颜色和动画等特效信息。而且，即使在算力低下的终端设备上，系统也能实现高质量的快速渲染效果。

在这个“超级工厂”里，项目团队利用中文字体全链条内容生成与编辑综合平台，实现了对碑帖、古籍、手写稿等不同来源字稿的噪声高效去除、字形精准定位与自动识别等功能。而且，还可以在这个平台上进行字形分割人工干预、矢量字形编辑调整、纹理特效调整添加等操作，进一步改善自动生成的汉字字形的质量，使得生成的字体更加美观和协调。

这个系统的出现，不仅显著提升了各类中文字库（如矢量字体、特效艺术字体等）的制作效率，还为北京冬奥会官方专用字体设计和国家新闻出版署“中华字库工程”等重大项目提供了有力的技术支持。

走进生活：智能字体生成的多彩应用

随着这些技术的不断成熟和完善，它们开始在实际应用中大放异彩。在冬奥会筹备期间，项目团队利用中文字体一体化协同制作系统，为冬奥会量身打造了一套独具特色的官方字体。这套字体不仅符合冬奥会的主题和氛围，还展现了中国传统文化的魅力。同时，该字体还融入了冬奥会的相关元素和符号，使得整个设计更加具有辨识度和文化内涵。

而中华精品字库工程则是另一项令人瞩目的应用，该工程旨在将中国古代书法名家的作品数字化，并构建一套完整的中华精品字库。通过这项工程，我们可以轻松地在计算机上欣赏到王羲之、颜真卿等书法大家的传世佳作，感受他们笔下流淌的千年风韵。

对于设计师来说，在技术的支撑下，字体生成不再是一项枯燥乏味的任务，而变成了一种充满创意与乐趣的艺术创作。通过调整参数与设置，用户可以轻松生成各种风格迥异的字体，如端庄典雅的楷书、飘逸洒脱的行书、个性十足的手写体等。

项目团队和中央美院联合为 2022 年北京冬奥会设计开发专用字体

在生成手写体时，能够捕捉到用户书写的习惯与特点，将其融入生成的字体中，使得字体既具有个性化的风格，又不失书写的真实感。此外，这项技术还支持特效艺术字体的生成，这些艺术字不仅美观大方，还能够很好地传达出文字所蕴含的情感与意境。

随着技术的不断发展和完善，除了大型项目，中国文字智能字体生成技术已经走进了我们的日常生活。

比如，在华为主题、金山 WPS 等主流平台产品中，用户可以利用这项技术轻松制作和使用个性化的手写体中文字库。这些字体不仅具有独特的风格和美感，还能够根据用户的需求进行定制和调整，极大地丰富了人们的文化生活。

此外，智能字体生成技术还在媒体宣传、文化传承等领域发挥着重要作用。通过这项技术，我们可以将古老的碑帖、古籍等文字资源进行数字化处理和再生利用，让它们以全新的面貌呈现在世人面前。

如今，中国文字字体智能计算方法与自动生成关键技术已经取得了显著的成果和广泛的应用。目前，已经制作个人中文字库超过 290 万套，做字引擎接入华为手机系统、金山 WPS 等，用户数量超过 230 万；实现了矢量中文字体智能化设计与自动生成，GB2312 矢量中文字库制作效率提升 8 倍，将中文字体文件自动压缩至原大小的 20%，其中，特效中文字体自动设计与生成系统将纹理特效中文字库制作效率提升 60 倍。

这项技术的成功，是中国科研团队力量和科学家精神传承的生动体现，也是一种将传统用于现代的方式。在未来，我们可以期待看到更多智能化、个性化的字体产品问世。这些产品不仅能满足人们对美的追求和个性化的需求，还将让汉字这一中华文化的瑰宝在计算机中更好地传播，为中华文化的传承和发展注入新的活力。

获奖情况

中国文字的字体智能计算方法与自动生成关键技术

技术发明奖二等奖

新一代 SD-WAN 定制“云端”专线

撰文 / 李晶

在数字化转型发展要素中，云和算力是数字化信息的载体，网络是数字化信息传递的通道，二者共同构筑起数字化世界的基石。随着企业数字化转型的不断加速，网慢云快的问题越来越凸显。为此，中国移动通信有限公司研究院研发并推出“IPv6+ 智享 WAN”，为企业数字化转型解决了疑难问题。

在 IPv6 技术蓬勃发展的当下，企业对于网络业务的需求日益多元化，不仅要求高效稳定的上云通道，还渴望实现云业务灵活组网和互联网加速，以满足不同业务场景的特定要求。面对这一挑战，如何确保各类业务在网络传输中获得端到端的差异化保障，同时兼顾敏捷性与弹性，并为流量增值创造更多可能？

中国移动通信有限公司研究院基础网络技术研究所副所长程伟强带领团队，创新推出了融合 Underlay（底层网络）和 Overlay（虚拟网络）二者优势的新一代 SD-WAN—— 智享 WAN。该方案在协调全局网络资源的同时，可为用户提供精细化的流量调度，保证端到端的服务质量。

IPv6 时代如何满足企业端到端的差异化保障需求?

国内运营商对专线专网的建设覆盖面广泛，与 SD-WAN 这一新型连接方式相比，传统的专线专网的连接方式价格偏高、配置周期更长，逐渐难以满足现代企业对业务的需求。

程伟强以通信方式的演进打比方，解释说 SD-WAN 与传统专线专网的关系就像是微信与短信。短信传输质量可靠，却需要通过运营商专门设置的通道提供服务；微信则利用互联网流量进行连接，使用便捷而且增值业务丰富。

程伟强介绍，传统 SD-WAN 采用了 SDN（软件定义网络）架构和 Overlay

组网的概念，弥补了网络产品的空白。尽管优势突出，但 SD-WAN 底层采用互联网作为连接基础是一个“尽力而为”的网络技术。它通常依赖 VxLAN（虚拟扩展局域网）等技术为两个业务端口建立虚拟通道，利用广域网实现信息传输隧道的拉通。虽然通过对两侧端口的技术优化能够提高服务质量，但其中间的数据传输过程仍是使用传统的互联网。这种方案，在架构上被称为纯粹的 Overlay 方案。

基于互联网思路提供连接方式，赋予 SD-WAN 更具灵活性和成本效益，但其安全性和业务质量仍面临挑战。

为了克服这些挑战，程伟强团队研发了新一代的 SD-WAN 技术 —— 智享 WAN。这一技术在架构上进行创新，融合 Underlay 资源优势和 Overlay 服务优势，消除了多段隧道拼接时存在的断点，业务端到端编程触点仅在业务两端，无须中间设备变更；同时和 Underlay 网络共协议栈，消除 Overlay 和 Underlay 不感知、不协同的问题。

如何融合 Underlay 资源优势和 Overlay 服务优势?

Underlay 和 Overlay 有什么区别呢?

具体来说，传统的专线专网采用的就是 Underlay 设计方案。这是一种通过物理设备实现配置保障的方式。如果从 A 客户端向 B 客户端传输数据，中间均需要以“节点”这种物理设备方式连接，其过程需要经历多个路由器，每一个路由器都有专门策略保障专线专网业务质量。

这样做的优势显而易见，可以提供安全、稳定的业务服务，而相应的弊端也同样明显，例如：分支网络基础设施部署时间长，一般需要几周甚至 1 个月；部署与运维复杂，需要组建专业团队进行调试与排障；因备用路线资源长时间处于空载模式而导致带宽成本高且利用率低；因无应用识别能力，难以按不同应用需求提供融合云服务的增值业务。

采用 Overlay 方案的 SD-WAN 在便捷、低价的同时，又有哪些挑战呢？主要是网络难以感知端到端的质量，难以从端到端提供差异化服务，以及缺乏标准指导产品开发导致不同厂家的网络不能互通等。

综上所述，无论是 Underlay 还是 Overlay 方案，都有明显的优缺点。可见，只有结合二者优势的产品才可能满足企业未来生产和运营的需求。

作为新一代 SD-WAN，智享 WAN 的设计理念便源于此。

程伟强指出，智享 WAN 着力解决了几个问题。首先是架构新。Underlay 与 Overlay 融合起来，在质量与灵活之前取得了更好的平衡。在新的架构中，客户一侧到广域网边缘这一段，采用 Overlay 方式连接实现了介质范围的拓展，如 4G/5G 无线接入、PON 网络宽带接入、PTN/SPN 专线接入甚至是微波等任何一种介质均可进行传输连接。

广域网边缘到骨干网这一段传输方式以 Underlay 方案实现，通过逐个节点对传输数据进行保障。这一阶段正是以往容易发生网络拥塞的部分，凭借移动运营商在 Underlay 领域积累的丰富网络资源，可以更为轻松地应对资源挤兑问题，通过优化配置，实现高质量的业务传输服务。

简而言之，原本最难配置的端到端部分，因资源不受限而采用了 Overlay 方案，在易产生信息拥塞的骨干网一段利用 Underlay 配置，实现了更灵活便捷的业务适配。

其次，智享 WAN 还使用了 SRv6 协议，实现了在发送的原始端对报文标记所有节点信息。SRv6 是继 IPv6 后新一代的 IP 网络核心协议，其特点是可允许 IP 报文内封装另一个 IP 报文。后面这个 IP 报文用于描述数据传输路径，则在端到端的过程中，就可以根据路径描述逐一在隧道中找到传输地址，实现端到端的配置保障。

如此一来，通过可编程路径既能够保障业务在指定路径传输，又可以在自定义寻址路径后实现直接寻址，为传输资源提供保障，使得 Underlay 开通和运维也像 Overlay 网络一样便捷。

在 SRv6 技术的助力之下，Underlay 和 Overlay 实现了同一个转发面下的共存，使得智享 WAN 的一整套技术架构得以实现。

原创 G-SRv6 成为新的国际标准

因可通过 128 位的 IPv6 地址的编排而实现网络可编程的优势，SRv6 一经提出，便被业界普遍看好。但在实际应用中，在具备简化网络配置和提高网络灵活性等天然优势的同时，SRv6 却面临着网络效率降低的挑战。

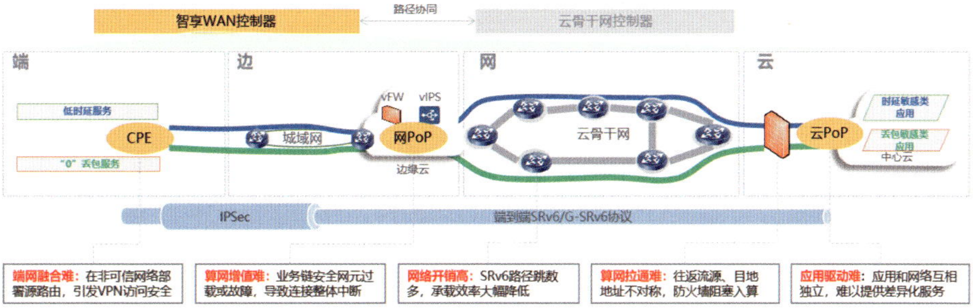

新一代 SD-WAN 整体架构及面临的技术挑战

如 IPv6 的报文是 40 字节，如果有 10 层的网络路径信息（Segment list），那么路由扩展头 SRH 的长度就需要 168 字节，最终需要传输的完整报文长度就会达到 208 字节。

为解决这一短板，程伟强团队提出了全新的投入格式——G-SRv6。G-SRv6 采用压缩冗余前缀、二维指针定位等创新技术，在支持现有 SRv6 所有特性前提下，将 SRv6 开销压缩为原来的 1/4。

程伟强介绍，G-SRv6 继承了 SRv6 的优势，同时降低了整个网络的开销，使其接受度大幅提升。目前，G-SRv6 已被国际互联网工程任务组（IETF）接纳为国际标准，成为中国企业在互联网领域的又一重大贡献。

程伟强回忆，2019 年刚提出 G-SRv6 标准的时候，团队收到了很多质疑的声音。

在 IPv4 和 IPv6 阶段，因为基础技术、核心专利都受制于人，相关标准均是由国外主导制定的。在 SRv6 阶段，我国能否从跟跑实现并跑甚至领跑呢？

与我国 4G、5G 在国际标准竞争中的情形相似，G-SRv6 成为国际标准的过程也十分艰难。因为涉及未来互联网基础技术，初期针对 SRv6 报文头压缩全球形成了三大流派七种方案，竞争激烈。负责互联网标准开发与推动的 IETF 为了推进 SRv6 报文头压缩技术发展，专门成立了 SRv6 报文头压缩技术研究组，因为项目团队在该技术上的重要贡献，程伟强也当选了该研究组主席，秉承开放、公平的原则，从技术出发组织相关各方进行大量的沟通交流，最终达成了一致。

那几年受到新冠病毒疫情的影响，大部分沟通协调都是在线上进行的。因为与国外有一定时差，有一阵子，几乎每晚的沟通会都是凌晨一两点开始，破晓时分才姗姗结束。最终，在业界多位专家的共同努力下，2023 年上半年，G-SRv6 技术被正式接纳为 IETF SRv6 基础协议之一，提升了我国企业在这一领域的话语权。

落地到千行百业的算力网络建设中

程伟强介绍，当前智享 WAN 产品已在中国移动完成了广泛的试点技术验证，并在多省实现上千个站点和终端的规模部署。

福建移动利用智享 WAN 在 2022 年正式上线推广以来，已经延伸产品能力并服务龙头企业，实现上千台终端规模部署，应用于电力、新零售、公安监控、食药监等多个行业和领域，解决传统行业数字化转型的新型业务需求。

广东移动通过智享 WAN 对省内 1100 个国际连锁餐饮门店进行一点接入管理，提供省内门店的通信解决方案，对组网和语音等业务提供高等级的质量保障服务。门店地址包含临街商铺、写字楼餐饮平层和商城等，涉及广东省内各地市区域，智享 WAN 方案将助推餐饮行业的数字化转型进程。

程伟强表示，为推动智享 WAN 技术完善和落地应用，中国移动专门构建了联合实验室进行全套设备的研制，让智享 WAN 设备从概念原型机变成了一款可以实现落地的商品产品。与此同时，项目团队积极推动与中国移动系统以外的客户展开合作。比如，深圳市卫健委建设医联体项目对容灾的要求很高，不仅看重设备的可靠性，还要考虑是否为 5G 和固话网络双连接。

据了解，智享 WAN 已成为中国移动算力网络关键技术之一，未来智享 WAN 解决方案将落地到千行百业的智能网络建设中，特别是在零售、金融、能源、在线教育等行业，通过整合网络、安全、广域加速三大领域，为企业构建灵活敏捷的智能网络，提供一站式的全方位服务保障。

获奖情况

新一代软件定义广域网技术创新及规模应用

科学技术进步奖二等奖

重塑现实边界：AR 技术
——未来已至，开启触手可及的新视界

撰文 / 段大卫

设想一下，您戴上一副特制的眼镜，眼前的景象立刻变得与众不同：透明的图像在您眼前浮现，您能够通过简单的手势或语音与这些虚拟信息互动。这一幕并非出自科幻电影，而是增强现实技术赋予我们的全新体验。在这一尖端科技领域，北京枭龙科技有限公司（以下简称“枭龙科技”）董事长兼 CEO 史晓刚及其团队正引领着一场技术革新。

让前沿科技走进千家万户

增强现实技术，简称 AR（Augmented Reality）技术，是一种通过在现实世界中叠加虚拟信息来增强我们感知的技术。枭龙科技董事长兼 CEO 史晓刚，用通俗易懂的语言描述了这项技术，“想象一下，当你戴上一副特殊的眼镜，眼前会出现一个透明的图像，你可以用手势或语音与这些图像互动，这就是 AR 技术带给我们的全新体验。”

自 2015 年枭龙科技成立以来，史晓刚一直带领团队在光栅波导技术领域进行创新和突破。枭龙科技已经成为继美国微软之后，全球少数几家掌握光栅波导显示光学器件核心原理和工艺的公司之一。

史晓刚领导团队在这一领域取得了显著成就，获得了 140 余项核心专利。他们的创新成果涵盖了工业、安防、教育、医疗以及日常生活等多个领域。枭龙科技已经成功开发出一系列行业领先产品，包括消费级运动 AR 智能眼镜、AR 工业智能眼镜和 AR 安防智能眼镜，这些产品不仅技术先进，相关核心技术还获得了科技部“国家重点研发计划”的大力支持。

史晓刚和他的团队正致力于将 AR 技术从实验室推向市场，让这项前沿科技走进千家万户，点亮人们的生活。

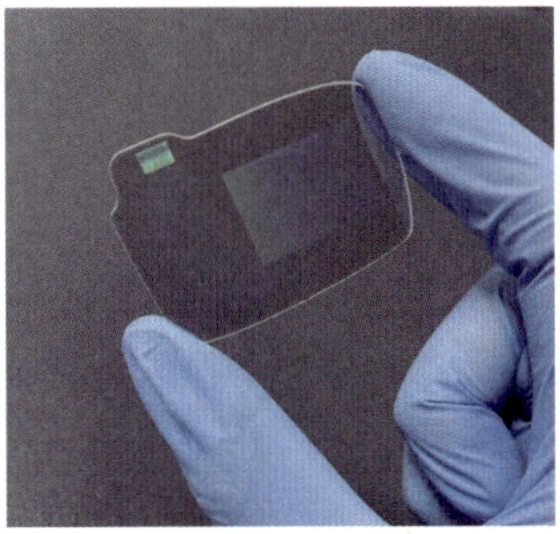

光栅波导光学显示器件

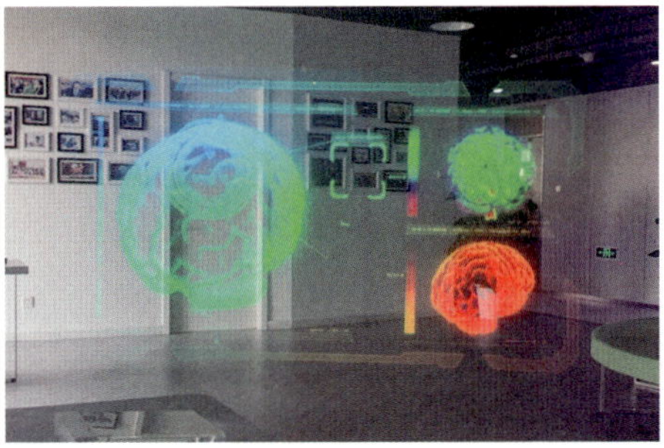

光栅波导光学显示器件展示效果

光栅波导技术下的 AR 新世界

在过去，AR 设备使用的光学显示技术种类繁多，每种都有其特定的优势和局限性。例如，谷歌眼镜最初采用的半透半反棱镜方案，虽然成本较低，但存在镜片较厚、视场角较小（通常不超过 25°）的问题。这种棱镜方案的视场角与体积之间存在天然的矛盾，限制了其在智能穿戴设备中的应用。

传统的离轴反射式自由曲面镜片也面临挑战，如镜片厚度大、图像畸变严重，难以在体积和显示效果之间取得平衡。自由曲面方案虽然提供了更多的设计自由度和灵活的结构形式，但其视场角和镜片厚度之间的矛盾依然存在。

此外，几何波导技术虽然能够提供较大的视场角和较薄的镜片，但它只能实现一维扩展，且光机系统无法小型化。几何波导的制造工艺复杂，导致良品率低、生产成本高。因此，光栅波导技术脱颖而出。

光栅波导技术是一项前沿的 AR 显示技术，它巧妙地融合了物理光学与几何光学的精髓。与传统的棱镜和自由曲面反射技术相比，光栅波导技术以其大视场角、紧凑的体积、轻巧的重量以及较低的批量生产成本等显著优势脱颖而出。这些特性赋予了 AR 眼镜更卓越的显示效果，同时确保了设备的小型化和轻量化，极大地优化了用户的体验。

光栅波导技术的实现依赖在透明光学镜片上精确制作的纳米光栅结构。这些精细的结构利用光的衍射原理来引导光束的偏折，而光束在镜片中的传播和扩展则依靠光波导的原理。这种技术的结合带来了多重显著的优势。

此外，光栅波导技术能够提供宽阔的视场角，这使得用户能够享受到更为宽广的视觉体验。它还拥有较大的出瞳直径，这允许更多的光线进入用户的眼睛，从而提升了图像的亮度和清晰度。此外，高透光性是光栅波导技术的另一大亮点，它允许更多的环境光线穿透，确保 AR 眼镜即使在光线充足的环境中也能保持出色的显示效果。

光栅波导技术的这些特性不仅赋予了 AR 眼镜卓越的增强现实沉浸感，还确保了佩戴的舒适性。得益于光栅波导技术的轻薄特性，AR 眼镜可以被设计得既轻便又美观，类似普通眼镜。这种设计不仅提升了设备的外观，还优化了重量分布，使之更符合人体工程学，从而显著改善了佩戴体验。

史晓刚指出："光栅波导技术的核心优势在于其独特的光学设计和制造工艺。"通过采用纳米技术进行批量生产，枭龙科技不仅实现了高良品率，还大幅降低了生产成本，这使得公司在市场竞争中占据了有利地位。

此项技术不仅在技术层面实现了创新，还在应用层面展现了巨大的潜力。它通过结合物理光学与几何光学的原理，为 AR 眼镜的发展提供了坚实的基础，并推动了 AR 技术在多个领域的应用和发展。

具有成为下一代计算平台的潜力

光栅波导显示光学器件的产业化进程是 AR 技术广泛应用的关键。根据《2023 年中国增强现实（AR）行业研究报告》，AR 技术可将虚拟信息数据叠加在现实世界之上，兼具交互性、沉浸感、实时性等特征，短期内 AR 可作为效率工具使用，填补产业空白；长期来看，具有成为下一代计算平台的潜力。AR 光学模组涉及全新光学系统技术，配合微显示屏幕组成光学模组，是 AR 终端设备最为核心部分。

"与手机屏幕的局限性相比，AR 技术能够为用户提供一个广阔无垠的视野。"史晓刚认为，AR 技术的未来应用场景将极为广泛，它将极大地丰富和便利人们的生活。从个人电脑到智能手机，再到 AR 眼镜，每一次计算平台的转变都带来了输入输出效率和使用场景的显著扩展。在个人电脑时代，人们主要进行文本输入和输出。进入智能手机时代后，语音、图像和视频成为主要的交互方式。

而 AR 眼镜则进一步拓展了交互的可能性，包括空间动作（如手势控制）和位置变化（如物体拾取），同时提供巨大的虚拟屏幕，并实现虚拟与现实的无缝融合，这是传统个人电脑和智能手机所无法实现的。史晓刚预测，未来轻便的

AR 智能眼镜将取代手机等移动设备的主导地位，“届时，我们将生活在一个虚拟与现实交织的新世界中。”

在教育领域，AR 技术可以通过虚拟场景和互动体验，提高学生的学习兴趣和效果；在医疗领域，AR 技术可以用于手术导航、康复训练等，提高医疗服务的精准度和效率；在娱乐领域，AR 游戏、AR 观影等新型娱乐方式受到越来越多年轻人的喜爱。此外，AR 技术还在军事、工业等领域发挥着重要作用。随着技术的不断进步和应用场景的不断丰富，AR 行业的市场规模有望进一步扩大。

推动 AR 技术的前行者

史晓刚团队在光栅波导技术领域的创新和努力，为 AR 技术的发展作出了重要贡献。枭龙科技不仅在国内处于领先地位，也在国际上赢得了声誉。未来，随着 AR 技术的不断进步，枭龙科技将继续引领行业的发展，为人们的生活带来更多便利和创新。

“我们希望为北京市区域经济增长作出贡献。”史晓刚总结道，“我们认为获得这个奖项对团队和公司以及个人都是非常好的认可。我们的技术在前瞻性和科技性上取得了专家和领导的认可，对我们而言是一种鼓舞，对我们未来拓展工作提供非常好的支撑。尤其是对于我们进一步的技术攻关更加增强了信心，我们会进一步研发新技术，进一步完善光波导技术，推动 AR 产业发展，提升产业竞争力。这是我们未来想做的事情。”

近年来，中国的 AR 技术取得了显著的进步，并被列为国家“十四五”规划中数字经济的关键产业之一。面对这一历史性的机遇，史晓刚团队的下一步战略是开发更多面向消费者的 AR 产品，以科技创新提升人们的生活质量。

获奖情况

增强现实（AR）光栅波导显示光学器件的研发及产业化

科学技术进步奖二等奖

从“票价迷宫”到“智能导航”：民航运价系统驱动智慧出行新时代

撰文 / 段大卫

随着互联网向移动互联网的过渡，自 2010 年起，中国航空在线旅游市场迎来了高速发展。这一变化导致民航业界的上下游客户对中国民航信息网络股份有限公司（以下简称“中国航信”）提供的运价服务需求发生了深刻变化：航空公司从以机票销售为主转向探索服务打包销售模式，代理人从线下转移到线上，移动互联网和社交网络的发展也扩展了航空旅游销售的场景和渠道。这些市场变化对中国航信的运价系统服务提出了更高的性能要求。

中国航信作为全球第三大航空旅游分销系统提供商，所运营的中国民航旅客服务系统（PSS）是国务院监管的关系国计民生的八大重要信息系统之一。PSS 覆盖包括“航班计划、机票销售、离港服务、收入结算”在内的民航旅客服务全流程，民航运价系统是机票销售环节的关键支撑系统。

随着在线旅游市场的蓬勃发展和互联网普及率的提升，中国航信的 PSS 在支撑民航旅客出行全流程中扮演着越来越重要的角色。因此，为了应对市场变化和提升服务质量，中国航信正在不断优化和升级其运价系统的服务范围和支持能力，以满足日益增长的市场需求和提升用户体验。

民航运价体系组成示意图

民航运价体系驱动智慧出行

所谓民航运价，是指航空公司在运输旅客时所收取的费用，主要涉及机票价格、税费价格等。民航运价的制定和调整涉及多个方面，包括市场供求关系、成本变化、政策规定等，旨在平衡航空公司运营成本和市场需求，同时满足不同客户的需求。

中国航信研发专家彭明田形象地将运价发布系统比作“数据 HUB”（数据中心），这个系统的核心任务是收集、整合和分发各航空公司的运价数据。它不仅是一个集中的数据存储和处理中心，而且协助航空公司管理并发布自己的运价信息，并将这些信息有效分发到运价搜索和计算系统，确保客户能够及时获取最新的运价数据。

“运价搜索系统，很像是用户身边的一个行程顾问。这个系统不仅提供运价信息，还能智能地帮助用户规划行程和选择最佳方案。”彭明田说，它的优势在于提供全面且实时的运价信息，能够实时更新和收集各大航空公司的运价信息，确保用户能够获得最新、最全面的价格数据。

除了上述优势，运价搜索系统还为用户提供多样化的选择，包括不同航空公司的航班安排和中转方案等详细信息，供用户参考和选择。此外，系统综合考虑用户的行程需求、预算限制、时间安排和个人偏好，为用户推荐最优行程方案。

彭明田团队将运价计算系统形象地称为“价格精算师”，该系统能够根据输入的订座信息自动计算出精确的价格。它遵循国际航协（IATA）的运价规则和计

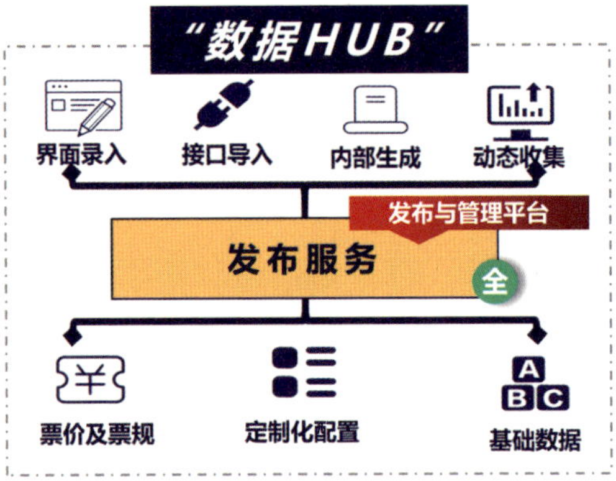

运价发布服务示意图

算逻辑，确保运价计算符合行业国际通用标准和法规要求。同时，将中国航信提出并在中国航协颁布的符合中国民航市场要求的民航运价数据和运价应用标准融入系统中，使系统能够实时更新运价信息，并确保计算结果的准确性和可靠性，从而灵活适应市场需求的变化。

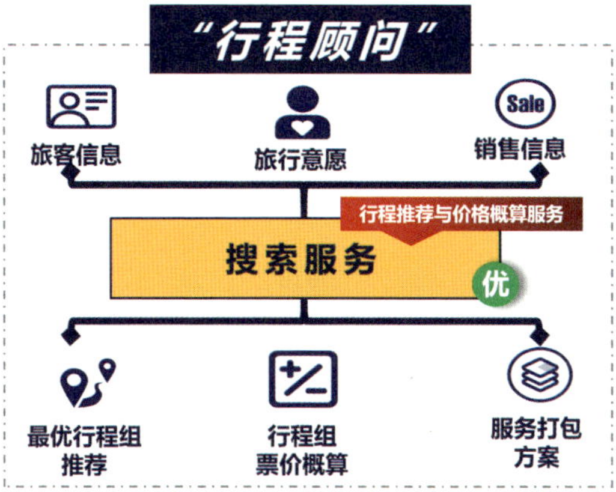

运价搜索服务示意图

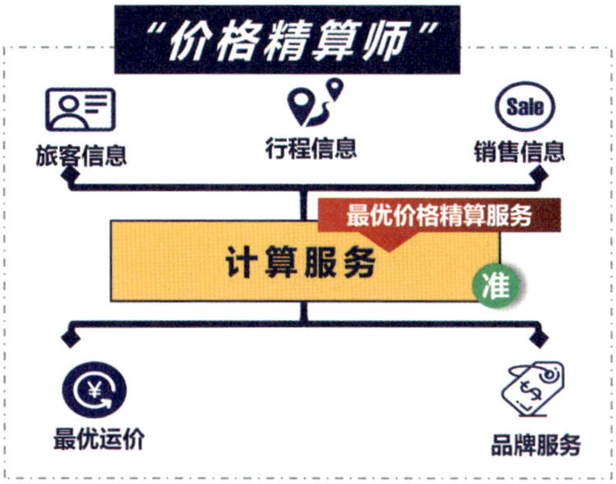

运价计算服务示意图

航空运价系统复杂且特殊

航空运价的复杂性是首要问题。彭明田在讨论航空票价领域的挑战时表示：“与高铁按距离和座位等级定价不同，民航票价受多种因素影响，包括提前购票时间、周中周末、淡旺季、经停中转、同行人数、售票渠道等，导致同一航班上每位乘客的票价可能都不相同。在旅客进行机票搜索时，系统必须从后台的上百亿条数据中生成十亿级别的运价组合，并在极短时间内筛选出几百种最优选项。”彭明田提到，这一过程中，系统面临三个主要难题：

首先，技术复杂度高。处理请求时需要进行大量数据和 I/O 访问，这对传统数据库和缓存技术构成了巨大挑战。

其次，业务复杂度高。民航运价包含五大业务模块，涉及超过 500 种数据类型，包含上万个业务元素。复杂的运价组合和规则校验难以简单归并或分布计算，因此必须对运价业务处理模型进行深度优化，以降低计算复杂度。

最后，逻辑复杂度高。在严格的规则系统下，规则的调整周期长、成本高，同时灵活的需求表达和实现受限，难以实现智能化的“举一反三”能力。

为了解决这“三高”难题，彭明田带领运价团队在系统建设的过程中，针对底层内存计算技术和高层搜索算法进行了大量创新和优化，确保了运价系统的高效、精准和智能化。

彭明田团队还意识到，另一个挑战来源于运价系统运营模式的特殊性。民航票价领域经过长期发展已经十分成熟，各航空公司、代理商和互联网平台之间的竞争非常激烈，如果运价系统计算不够快或不够准确，不仅会导致客户不满，还可能涉及巨额赔偿。因此，对系统的运营效率、客户问题处理速度以及问题修正能力都提出了极高的要求。

民航运价系统高性能背后的技术支撑

传统运价业务的复杂逻辑已经成为业务建模的重要障碍。运价业务不仅涉及复杂的规则和逻辑，而且在运价搜索过程中还需要对海量的航班数据进行分析和计算，并将这些数据与运价规则和逻辑相结合，以在最短时间内找到最优解。2020 年前后，全球航空公司数量接近 700 家，每天执行的直达航班超过 20 万班，每个航班又分为近 20 个舱位，每个舱位分配若干座位进行销售，而这些座位数量会随着销售实时变化。

此外，航空公司所发布的国际和国内运价数据量超过 1 亿条，运价规则超过 5 亿条，再加上组合运价、规则运价和联程航班的存在，使得数据量呈指数级增长，构成了民航业运价搜索业务的海量基础数据。

彭明田团队在预研阶段深入分析了国际供应商的解决方案，并意识到要解决运价搜索系统的高性能问题，关键在于采用高内聚的系统架构、高效的数据分发与接收技术，以及极致的数据存储和访问技术。这些技术需要紧密结合国际运价业务逻辑的特点，虽然增加了技术复杂度，却是实现高性能目标不可或缺的一步。

中国航信经过多年研发实践，已经探索出一条适应民航运价系统业务和技术特点的发展道路。彭明田团队用实践证明，这条道路不仅支撑了中国航信运价系统的建设和发展，还解决了长期依赖国外系统的难题。

该技术体系涵盖了业务体系、算法体系和 IT 架构体系。业务体系通过"航班和运价数据模型及校验技术"，对民航运价的多维数据模型进行降维处理，从而提升了数据处理的效率。算法体系则基于"运价优先的搜索和计算方法技术"，对解空间进行"剪枝"，以提高找到最优解的概率。

至于 IT 架构体系，则包括了高内聚的读写分离架构技术等核心技术，这些创新技术的应用使得系统性能得到了极致优化，显著减少了请求处理过程中的网络、进程、业务处理和数据读取的时间及资源消耗，实现了高性能的设计目标。彭明田认为，这些技术的集成和应用为中国航信在民航运价领域的发展奠定了坚实的技术基础。

民航运价系统迈向云化智能化

国务院在 2019 年 9 月印发的《交通强国建设纲要》中明确提出了强化前沿关键科技研发的重要性，特别强调了新一代信息技术、人工智能、智能制造、新材料、新能源等世界科技前沿领域。这一战略旨在推动交通产业的变革，通过对前瞻性、颠覆性技术的研究，构建一个科技引领体系，以支撑交通行业的高质量发展。

民航局在《"十四五"民用航空发展规划》中也响应了这一号召，重点聚焦民航科技创新的短板，旨在通过聚焦行业重大需求、发展瓶颈和科技前沿，加强关键技术攻关和自主创新产品的应用，加快构建高水平的民航科技创新体系。

在这样的大背景下，彭明田在规划运价系统未来发展方向时，特别强调了云服务的重要性。他表示："尽管公司已经拥有了新一代的高性能计算体系，但如何保持系统高质量运营和延缓老化是一个持续的挑战。”为此，彭明田团队通过数月的调研，明确了云化工作的方向，包括解决数据重构缓慢的问题、根据业务特点拆分运价数据，以及将零散的远程数据整合为一体。彭明田认为，这些云化改造任务与“信创”战略机遇相契合，预示着在未来 3 ～ 5 年，航信运价将全面拥抱云时代，开启高性能系统建设的新征程。

除了中国航信研发专家的身份，作为北京市民航大数据工程技术研究中心主任，彭明田带领团队将大数据技术融合到民航旅客服务中，进一步进行民航数据整合工作，挖掘数据价值。同时，通过数据分析，发现新的业务情景，促进业务创新，不仅仅在民航行业，而是在交通运输领域，甚至整个交通行业形成链条，进一步形成拓展力。

彭明田表示，希望面向全行业，共建科技平台的开放化社区，对科研院所、研究人员及整个行业开放，形成一个真正的创新孵化器，逐步进行技术转换工作，全心全意为旅客服务，改善旅客的出行体验，提高民航的智慧能力。

对于购票旅客而言，彭明田表示，智能运价系统将支持自然语言搜索和交互功能，在机票销售环节中，旅客和销售机构可以直接用自然语言输入需求（如目标行程、日期等）来获取报价，简化购买流程，提升用户体验。此外，智能系统将自动处理客户工单和投诉，快速响应并解决问题，减少人工干预，进一步提升服务效率和用户满意度。

“未来的智能运价系统不仅仅是一个定价工具，而是一个支持航空公司和旅客之间智能化互动的平台，将为整个行业带来更高的效率和便捷性。”彭明田说。

获奖情况

中国民航运价核心系统关键技术自主突破及大规模应用

科学技术进步奖二等奖

科技赋能
中成药实现“连线”生产

撰文 / 贾朔荣

中医药学是我国传统文化灿烂宝库中的重要组成部分。大众熟知的“同仁堂”历经时代变迁，在保留传统中医药理念与炮制技术的基础上，走出了一条科技助力中医药创新发展的崭新道路。

中医药学包含着中华民族几千年的健康养生理念及其实践经验，凝结着中华民族在生命、健康和疾病认知方面的智慧与结晶，是我国传统文化灿烂宝库中的重要组成部分。尤其是中医药全面参与疫情防控救治，不仅让更多人了解了中医药文化，也让中成药和中药饮片越来越多地走进寻常百姓家。在众多的中药品牌中，“同仁堂”更为大众熟知，称得上是品质和匠心的象征。

同仁堂品牌始创于1669年（清康熙八年），自1723年（清雍正元年）起为清宫供御药，历经八代皇帝长达188年。发展至今，同仁堂历经时代变迁，积极适应时代发展步伐，主动拥抱新技术，在保留传统中医药理念与炮制技术的基础上，大胆创新，走出了一条科技助力中医药创新发展的崭新道路。其中，就不得不提到北京同仁堂科技发展股份有限公司、北京同仁堂科技发展（唐山）有限公司自主研发的中药提取制剂连续制造关键技术。

破解中药生产过程连续性差的瓶颈问题

近年来，随着中医药发展顶层设计的不断完善、政策环境的持续优化，以及支持力度的不断提升，中医药产业在有序发展的基础上焕发出新的活力。《“十四五”中医药发展规划》显示:“截至2020年底, 全国中医医院达到5482家，与此同时，中医药开放发展取得积极成效，已传播到196个国家和地区，中药类商品进出口贸易总额大幅增长。”

然而，市场规模的扩大以及需求的不断增加，却让中药生产过程连续性差、限制产效的问题变得尤为突出，一度成为制约中医药产业快速发展的瓶颈。

“以中药液体制剂为例，原先，生产过程不是完全连续的，要经历多次下线检验。比如洗瓶和烘瓶是独立的环节，之后便要下线检验，然后进入配液环节；配液和灌装之后的产品，又需要下线检验，而后进入灭菌环节；灭菌之后再下线检验，才进入包装环节。诸如此类，对产能提升形成了制约，显然无法满足中药液体制剂快速增长的市场需求。”北京同仁堂科技发展（唐山）有限公司总经理刘文增介绍。

一个个码好的药瓶被有序排列在传送带上

断线生产模式下待灌装的药瓶

那么，能否突破断线生产的瓶颈，实现真正意义上的连续生产呢？

2015 年，同仁堂提出研发建设“中药提取制剂连续制造关键技术开发及产业化”项目；2019 年，我国首个服务于中药液体制剂连续制造的产线体系建成。

产线体系从根本上变革了生产模式，攻克了在线灭菌、在线检测等影响连续生产的关键技术难题，首次在中药领域实现了从库房到库房的闭环流水线式生产模式，实现了从原辅包出库、配液、灌装到成品入库 9 个生产单元的闭环流水作业。

“应用了新的产线后，原来八九天才能完成的中药从出库到装箱流程，现在 12 小时内便可全部完成，大大提高了生产效率。同时，和原先相比，人力节省了 2/3。”刘文增介绍。

创新灭菌方式，实现生产“不下线”

《“十四五”中医药发展规划》提出了中药智能制造提升行动，指出：“研发中成药共性技术环节数字化、网络化生产装备，提高中药生产智能化水平。”

依托“中药提取制剂连续制造关键技术开发及产业化”项目，同仁堂在唐山公司建成了三条产线，每条产线一天可实现 20 万瓶的生产产能。2023 年，产线全面实现 1.8 亿瓶设计产能。

那么，产能大幅提升的同时，产品品质是否一如既往？

“药品有四个基本属性，分别是安全性、有效性、稳定性和均一性。其中，安全性和有效性在研究阶段基本固定，与生产相关的是稳定性和均一性。”北京同仁堂研究院药物筛选研发中心主任林兆洲介绍。

由于中药材本身属于农产品，无法实现完全标准化，因此实现稳定性、均一性本就存在难点。而工业规模生产，则能一定程度上克服中药材及饮片质量波动对产品质量稳定性和均一性的影响。

刘文增表示：“应用了我们的自动化产线后，进一步提升了质量水平，让产品的稳定性和均一性始终保持在高水平状态。”

保障产品稳定性和均一性的自动化产线，又是如何克服原先的下线检验难点，实现连续生产的呢？

“其中最核心的就是灭菌环节。我们采用灭菌和物流输送相结合的设计，将灭菌过程集成到了流水生产线上，保证‘生产不下线’。”刘文增介绍。

在连续产线的生产模式下，采用热水喷淋的方式，也就是说，根据不同品种的工艺要求，采用 110 摄氏度或 115 摄氏度的热水，实现全方位、无死角喷淋，

从洁净区出来的口服液进入在线灭菌柜

灭菌完成后的瓶装药剂，可经过降温后直接进入包装环节，产出成品。

“这个环节是保证连续生产的重要枢纽。我们不仅采用了新的灭菌方式，还通过多年的摸索和技术积累，设计形成了一套行之有效的工艺参数，确保下线的产品始终保持高合格率水平。实践证明，经过 5 年的生产，我们的卫生学一次合格率始终是百分之百。”刘文增表示。

此外，项目还通过模块化全自动配液系统，进一步解决了流水生产中生产速度均一、稳定等问题。

筛查药液质量，智能灯检取代人眼

除突破了灭菌、自动化配液等关键技术难题，项目还建立了在线灯检质控方法，可实现对每瓶药液异物、装量等 4 项质控参数的实时监控。“原先，灯检主要依靠人工，通过人在灯管下检查液体药剂，判断里边是否有异物、装量是否存在差异等。”林兆洲介绍。

而连续产线的在线灯检，则基于机器视觉这一新技术，以高速摄像机为主要手段，免去了人工离线操作的时间及成本，极大提升了效率。

这种在线灯检的方式不仅成为同仁堂内控的标准，也重构了质控方式，成为药品检测体系的有益补充。“我们通过加强关键环节的检测，比如灭菌环节、对温度浓度等不同工艺参数的监测、在线灯检等，从而实现了制剂中间体和成品的双重质检。”林兆洲介绍。

基于此，项目建立了涵盖中药饮片、制剂中间体和成品的全过程质量快速评价技术，与根据药典标准建立的质控体系相互补充，协同保障产品质量。“国家药品监督管理局药品审评中心在对国内实现连续生产的生产现状进行调研时，就选择了我们一家。”林兆洲介绍。

进一步探索新技术的深度应用，“解锁”更多中药剂型

发展至今，该项目已获相关国家知识产权 14 项，自通过生产认证以来，可用于连续生产模式的品种已达 50 余个。

然而，成功并非一蹴而就。由于缺乏可借鉴经验，项目关键技术研发过程也走过不少弯路。比如在外包环节，如何不下线为大箱打上合格证信息，就一度困扰项目团队。

“如何不拆箱就知道产品的名称、规格、装量等生产信息，我们想了很多种解决方案。还需要与生产、销售等多环节沟通，确保他们是否认可这种形式、成本如何……”刘文增介绍。最终，项目采用将固定信息提前在大箱上印好，现场再自动喷绘“生产批号、生产日期、有效期”三号信息的方式，不仅保障了连续生产，也避免了人工检查可能导致的不稳定性。

此外，针对三条产线同时生产时，如何同时识别不同批次产品，保证其进入库房的正确巷道问题，项目团队也进行了多方验证与技术研发。最终通过应用机器视觉等技术手段，将监管码作为数据识别来源进行采集，实现了对批次和产品的精准识别以及准确入库。

诸如此类的技术难点不胜枚举，但每一个点得不到解决，就不能实现整线的连续生产。然而，项目团队始终没有放弃，通过大胆创新、细致验证，项目最终得以成功落地。

张斌介绍：“我们一直将自动化生产视作提升产品质量的一条路径，而这条制剂连线从设计、调试、落地，到投入生产，恰恰是同仁堂适应时代发展，坚持为老百姓造好药、放心药的生动实践。”

面向未来，项目团队将持续加大探索与革新力度，适配企业更多产品，在此基础上，不断提升生产效率与质量水平，让新质生产力成为同仁堂高质量发展的有力引擎，让同仁堂仁心与仁术不断转化为保障人民群众生命与健康的有力屏障。

获奖情况

中药提取制剂连续制造关键技术开发及产业化

科学技术进步奖二等奖

助力风电平稳“翻山越岭”
让张北的风点亮千家万户的灯

撰文 / 陈丽君

传统风电场难以适应新型电力系统需求，为此华北电力科学院有限责任公司（以下简称“华北电力科学研究院”）等单位创新性地将支撑模式从单机独立响应拓展到单机－场站协同控制。他们研发出风电场主动支撑的原创性技术方案，并通过金风科技股份有限公司（以下简称“金风科技”、华锐风电科技（集团）股份有限公司（以下简称“华锐风电”）等高新企业应用于全国 1000 余座风电场。此方案有效提升了风电场的调节能力和稳定性，为新型电力系统的安全稳定运行提供了有力支撑。

海拔 1400 米层林尽染，秋色无限，蓝天白云下，连绵起伏的山坡上时有牛羊，或悠然散步，或躺卧草间。在张北坝上，一座座风车随地势错落，漫山遍野，犹如一座座巨大的艺术品，让人叹为观止。几十台巨大的风电机组徐徐转动，与周围的草木、羊群相映成趣，呈现出一派草原好风光。

“坝上一场风，从春刮到冬”，这是当地人曾对自己家乡的调侃，然而若干年后，昔日让人头疼的大风，却成了冬奥历史上首次百分之百使用绿电的“金钥匙”，将“张北的风点亮北京的灯”这个极具想象力的设想变为现实。

这一系列成果背后离不开冀北风电的稳定运行，华北电力科学研究院正高级工程师刘京波及其团队多年来攻坚克难，致力于此，项目成果也荣获了 2023 年北京市科学技术进步奖二等奖。他们取得了哪些成果，又创造了什么效益？让我们走进这背后的故事。

亟须风电高效稳定运行，9 年攻关终“破圈”

大力发展风电等新能源是构建新型电力系统、实现“双碳”战略目标的关键途径。我国风电经历了十余年的跨越式发展，已成为全球装机规模最大、发展最快的国家。截至 2023 年 6 月，冀北电网风电装机容量已达 2585.1 万千瓦，与北京市最大负荷（2564.3 万千瓦）相当，冀北风电稳定运行事关首都供电安全全局。冀北电网承担着首都 70% 以上的电力供应重任，其中 30% 为风电。

电压与频率是电网运行的核心指标。当下我国已建成世界上风力发电接入规模最大的复杂电网，保障其电压与频率安全成为电网运行的核心挑战。但与火电机组相比，传统风电不具备惯量支撑、一次调频与主动调压能力。随着系统中风电占比不断增加，系统惯量水平和电压支撑能力不断下降，导致系统频率和电压性能恶化，电网安全稳定和风电消纳存在着重大技术挑战。

近年来，英国、南澳等均发生因新能源诱发的大停电事故，张家口地区电压波动事故频发，分析表明，风电等新能源支撑能力不足是上述事故的关键诱因。在“系统低惯量、常规电源弱支撑”的现实窘境下，提升风电对系统电压和频率的支撑能力，是推动新能源由辅助性电源向主体电源转变、保障新型电力系统安全的关键途径。

“传统研究聚焦于单机层面的主动支撑控制，但大型风电场内机组数量多、地域分布广，不同机组的调节特性差异大，仅依靠设备分散的自主响应无法达到预期支撑效果，难以适应新能源占比逐渐提高的新型电力系统的安全稳定运行需求。”刘京波介绍。要实现风电稳定运行，就得将支撑模式从单机独立响应拓展到单机－场站的协同控制，但这一过程面临着三方面难题：一是风电机组存在大量机械惯性环节和复杂电气约束，风电场内控制环节多，通信链路长，惯量快速精准响应难；二是场站内控制层级多且闭环控制相互嵌套，易出现控制模式和目标的冲突，多无功源协同控制难；三是受场内风工况复杂多变、场站多层级闭环控制影响，常规测试手段难以发现控制逻辑的隐形缺陷，全景测试评价难。

针对这些难点，由华北电力科学研究院牵头，联合清华大学、金风科技、北京四方继保自动化股份有限公司（以下简称“北京四方”）、华锐风电、河北工业大学、国网冀北电力有限公司，通过产学研用联合攻关，循序推进“技术研发—实验测试—现场应用”，历时 9 年，攻克了支撑系统惯量 / 电压的大型风电场机 - 场协同控制难题，取得了场级惯量控制、站内无功协调、全景测试验证等三项关键技术创新，并在全国范围内推广应用。

风光储并网运行与实证技术国家电网公司实验室

50%、120%、89%、99%……创新点国内外鲜见

该项目依托国家重点研发计划等项目，取得三项技术创新。第一项创新技术是，发明了暂态频率精准检测与场级惯量模型预测控制技术，研发了基于 OPC-UA 规约的快速通信架构，频率检测时间缩短 50%，整场惯量响应时间达到百毫秒级。第二项创新技术是，揭示了大型风电场多无功源竞争导致无功环流、振荡及反向调节的“竞争冒险”机理，提出了控制模式平滑切换和场内子系统电压平衡控制技术，场级电压支撑速度提升 120%，电压不均衡度降低 89%。第三项创新技术是，提出基于网格化风流场数值模拟的十万量级工况序列生成方法，搭建含“机组 - 场站 - 电网”控制系统与真实通信环境的全要素仿真测试平台，首次实现了风电场主动支撑控制的全景模拟，实际工况覆盖率≥ 99%。

刘京波介绍，项目取得的三项创新技术各有不同的侧重。第一项创新技术主要实现风电场的惯量支撑，可以简单地概括为快速预测、快速检测、快速准确传达指令。快速预测是指风力随时处于变化当中，如果可以准确预测风速，就可以预测风的功率，从而可以调整控制风机，实现精准发电。快速检测是关注电网的频率变化，根据频率的衰减或增长给予相应的调控方式，保持频率稳定提供惯量，这项技术不仅使频率检测时间缩短 50%，相比传统单机惯量支撑方式更减少

48% 的风能损失。快速准确传达指令是指研发了基于 OPC-UA 规约的快速通信技术，研制了风电场惯量控制系统，通过机组监测、调控和站控层级构架优化实现控制效率提升，整场惯量响应时间从 1 秒缩短至 408 毫秒。

第二项创新技术实现了大型风电场的电压均衡控制。刘京波举例说，一个大型风电场有上百台风电机组，每台风机所处的位置、接收的风力都不同，风机发电忽大忽小，表现出来的就是风电场电压不均衡，风电场内电流流向比较混乱。这一方面消耗内部能源，另一方面也会影响风电场设备运行的安全水平。为了让更多的人了解这种情况，项目组提出了多无功源“竞争冒险”机理，阐明了多无功源协调的关键逻辑。另外，为平滑控制电压，风电场安装了无功补偿装置，实现了不同场景下动态无功控制策略的平滑切换和参数自动匹配，场级电压响应从秒级缩短至 450 毫秒，响应速度提升 1.2 倍。还因为大型风电场机组众多，且每台风机产生的电能较低，项目组将一个风电场划分为多个子系统，子系统收集部分风机产生的电能，然后将汇集的电能调整至合适的电压并到电网上。这种子系统电压平衡控制方法实现了多机组、多种类无功设备的协同支撑，典型工况下电压均差由 0.9 千伏降低至 0.1 千伏，电压不均衡度降低 89%。

第三项创新技术是实现全场景模拟测试验证。在刘京波看来，这是一个从无到有的过程，全凭一份“摸着石头过河”的勇毅和坚持。2016 年刚搭建平台时，没有任何可参考的范例或借鉴的经验，当时仿真的手段很弱、可用的工具少，整个搭建过程是一点一点突破。到 2023 年，项目组突破关键难题，实现了机组、场站、电网、通信等四方联合的仿真测试平台。刘京波回忆，项目组有时半夜攻克技术难题，迎来专属他们的“小确幸”时光，激动又难忘，也为项目的推进增添了一些欢乐插曲。

“功夫不负有心人”，项目获得授权发明专利 37 项，发表论文 26 篇，取得软件著作权 4 项，参编标准 3 项。刘京波团队首次攻克了大型风电场惯量 / 电压主动支撑关键技术，在惯量支撑快速精准性、多无功源协同均衡性、测试评价全面性等方面，较国内外同类技术具有明显优势。项目创新点在所检出的国内外相关文献中未见相同报道。另外，由院士领衔的鉴定专家委员会认为：项目成果达到国际领先水平。

创新技术让张北的风不止点亮北京的灯

项目突破了大型风电场惯量 / 电压协同控制关键技术，在风电汇集区、张北柔直送端工程及场级功率控制系统测试等方面进行了推广应用。

2020 年，张北柔性直流电网试验示范工程正式投运，提供了破解新能源大规模开发利用世界级难题的中国方案。该工程输电线路总长 666 千米，张家口每年可向北京输送 140 亿千瓦时的“绿电”，相当于北京年用电量的 1/10，年减排二氧化碳 1280 万吨。2022 年北京冬奥会期间，依托张北柔性直流电网试验示范工程和北京冬奥会跨区域绿电交易机制，张家口“绿电”被源源不断地输送到冬奥会场馆，实现了史上首次所有场馆 100% 使用绿色电力。此外，依托项目成

风电场主动支撑研发团队

开展风电场全场景仿真测试平台试验

果，完成张北柔直送端全部 28 座风电场支撑性能的优化，实现风电场电压合格率 100%，年利用小时数较冀北其他区域风电场提升 20%，年增发电量 1.8 亿千瓦时。

“张北的风点亮北京的灯”的同时也点亮了雄安的灯。2020 年 8 月，张北－雄安 1000 千伏特高压交流输变电工程也正式投运，根据规划每年可汇集 180 亿千瓦时的清洁电力。张北－雄安特高压工程是张家口在建立可再生能源智能化输电通道领域的重大突破。利用特高压电网，张家口市可以把清洁能源输送到包括雄安新区在内的京津冀和华中负荷中心。

除了为京津冀服务，项目研制的风电场场级主动支撑控制系统已在新疆、甘肃等 3 个省区共计 78 座风电场部署应用，有效解决了风电场频率和电压支撑能力不足的问题，提升了张北坝上、新疆哈密、甘肃酒泉等新能源汇集地区电压和频率稳定水平，支撑了新能源汇集区电网安全运行，保障了新能源消纳。

项目积极推动成果转化，研究成果通过金风科技、清大高科等设备制造商在全国范围内推广，累计应用 1000 余套，覆盖机型比例达 65%；并有效支撑金风科技、华锐风电在北美、澳洲、东盟等海外项目安全运行。

张北风电场

张北风光储输示范电站

依托项目搭建的“风机－场站－电网”功率控制系统和真实通信环境仿真平台，支撑功率控制系统的入网型式测试，累计完成 14 套场站控制系统型式试验，覆盖国内主流厂家，解决消除控制逻辑错误、策略缺陷等 20 多项隐性缺陷，确保了场站控制系统的安全入网与高效运行。

随着项目成果在多地“落地生根”，产生了巨大的社会和经济效益，形成了良好的发展新业态。近 3 年，项目累计新增销售额 12.54 亿元，新增利润 9143 万元。助力金风科技在 2022 年首登全球风电装机第一，支撑北京四方荣获“中国电气工业领军企业十强”，持续巩固北京市在新能源装备领域的引领地位。保障坝上“风电三峡”安全可靠地供应北京电力，用“张北的风点亮北京的灯”，支撑北京市绿色电力供给占比突破 30%，打造了绿色低碳能源发展典范。为我国 3.65 亿千瓦在运风电实现主动支撑提供了经济高效的解决方案，提升了国产风电装备的核心竞争力，促进了我国风电产业健康发展，有效保障了“双高”电力系统安全运行。

没有前人的经验引领，没有成功模式借鉴，项目的攻坚过程历尽艰难，成果来之不易，未来随着“双碳”战略的不断深入，成果将在构建新型电力系统中发挥更大的作用，“绿电”将不断点亮北京的灯、雄安的灯，乃至中国的灯。

获奖情况

支撑系统惯量 / 电压的大型风电场机－场协同控制技术及应用

科学技术进步奖二等奖

2023年

北京市科学技术奖获奖项目

FLASH INNOVATION
创新在闪光（2023年卷）

创造人民美好生活

新发明让复杂盆腔手术变得简单又安全

撰文 / 罗中云

针对骨盆骨折微创手术中的“对不准”“看不见”“不便捷”等难题，特别是骨折断端存在绞锁导致复位困难的问题，中国人民解放军总医院（以下简称“解放军总医院”）第四医学中心进行了深入研究。他们揭示了骨盆骨折的“绞锁－解锁”机制，并基于此机制提出了“闭合解锁复位理念”，进一步发明了骨盆骨折微创手术的关键技术和装置。

解放军总医院第四医学中心骨科的一间手术室里，医生们正在全神贯注地做一台手术，要将一位老者体内位于大腿位置的一根铁钉取出。

这根铁钉贯穿了老者的大腿，长约 10 厘米。医生向记者介绍，这根铁钉是老者于 1971 年因骨折做手术时遗留在体内的，到现在已经 50 多年了。当年做完手术要取出来时，结果发生了意外，钢钉断在了身体里，想了很多办法都没能取出来。后来，在体内的钢钉顶得旁边的骨头和肌肉越来越疼，几乎没法走路了，老者最后选择来解放军总医院第四医学中心骨科治疗。

做这个骨科手术，医生们在老者的髋部及大腿上共打了 3 个小孔，装了特定的支架，几位医生密切配合，有的医生一边紧盯着上方的电子屏幕，手上一边操纵着架子上的手柄，将体内的钢钉定位及固定，有的医生则集中注意力将钢钉的一头从一个小孔中一点点牵拉出来，整个过程不过几分钟。随后，他们又取出了原来附着在钢钉头部新长成的骨组织，让其髋部恢复了正常状态。

这种原本很复杂的手术为什么这么快，这么“简单”？解放军总医院第四医学中心骨科医学部主任医师陈华解释，这主要是因为采用了他们新研制的“骨盆骨折微创治疗关键技术系列装置”。

运用这套装置，他们还完成了很多难度更高的骨盆骨折手术。在解放军总医

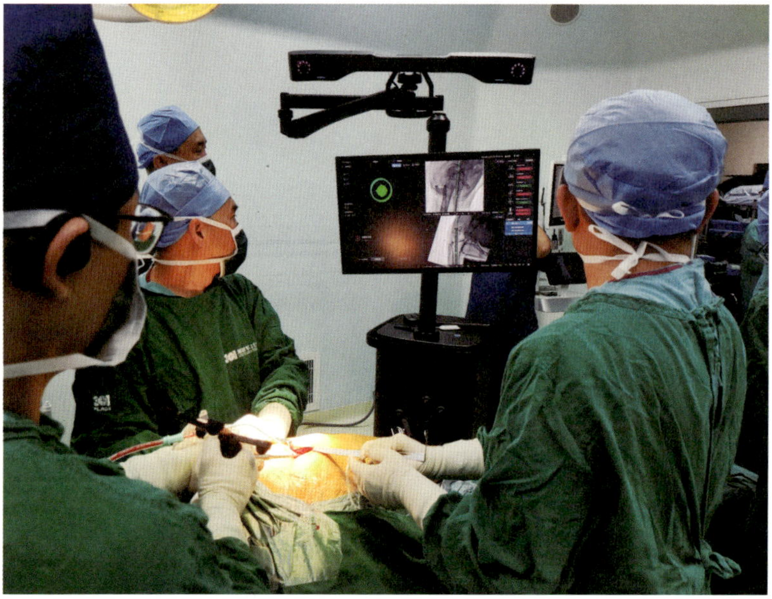
医生们正在借助新装置做骨盆骨折微创治疗手术

院第四医学中心骨科病房，记者见到了几位手术后正处于康复期的病人，其中有一位十来岁的小姑娘因从五楼跌落，造成盆腔多处严重骨折、错位，通过借助新装置做手术后仅两天就已能慢慢自主翻身；一位张先生因骑马时不慎从马背跌落，造成盆腔多处骨折，手术后三天已能下地行走；一位大姐因为车祸，盆腔被挤压成了一小块，骨骼大面积骨折，手术后仍戴着帮助矫正的架子，一点一点对盆腔骨架进行复位……

医生们通过这套装置完成骨盆骨折手术，不仅大大降低了手术失败率和并发症，而且大幅缩短了康复周期，减少了医疗费用。相关发明成果先后获得2023年北京市技术发明奖一等奖、中国发明协会发明创新一等奖和中国专利优秀奖。陈华，则是这套装置的主要发明人之一。

揭示了骨盆骨折“绞锁－解锁”机制

陈华表示，骨盆的骨骼结构复杂，在盆腔内位置很深，如果骨盆发生骨折，传统的手术方法往往会有很大的创伤面，出血量大，并发症多，手术成功率不到

60%，而且即便成功了，最终致残的概率也很高。因此，这项手术一度被骨科医生视为“禁区”。

现在也有很多医院在开展微创手术，创伤小、恢复快，但缺点也十分明显，比如：复位精度差；术中操作烦琐需要反复调整体位透视；医源性并发症率高，很多患者错过最佳手术治疗时机而留下终身残疾。“骨盆骨折微创手术的精准复位与安全固定仍是亟待突破的世界性医学难题。”陈华说。

为了解决这些难题，包括陈华在内的科研人员做了很多努力。在国外深造时，陈华接触到了不少关于骨盆骨折治疗的先进理念，并广泛搜集骨盆骨折手术资料，探索通过分析比对找出蛛丝马迹和破解久困骨科难题的新路子。

2012 年，解放军总医院骨科原主任唐佩福找到刚回国不久的陈华，一同参加一个疑难病例会诊。这是一位因车祸造成骨盆骨折 18 个月后的患者，严重的创伤导致他奄奄一息，慕名找到唐佩福教授希望救自己一命。面对复杂伤情，唐佩福教授决定放手一搏。他带领陈华和张群等骨干，选择运用骨搬移技术联合外固定架治疗，用环形外架成功撬动并实现骨盆中移位的骨块的缓慢牵引，借助外力复位了陈旧的骨盆骨折。手术的成功，不仅让患者获得了重生，也让陈华看到了努力的方向。

此后，陈华在唐佩福主任的指导下持续刻苦攻关。他结合临床实践分析研究传统骨盆骨折手术病例后，发现骨盆骨折复位困难的关键在于骨折的断裂端存在绞锁，若要成功复位，需要首先进行解锁。

陈华团队在揭示骨盆骨折“绞锁－解锁”机制后，又在国际上首次提出了骨盆骨折“闭合解锁复位”理念，将复杂的复位过程分解为二维平面上的推拉、倾斜、旋转等动作。在这个理念的指导下，团队经过多年努力，最终成功研制出了骨盆骨折微创手术的关键技术和装置。

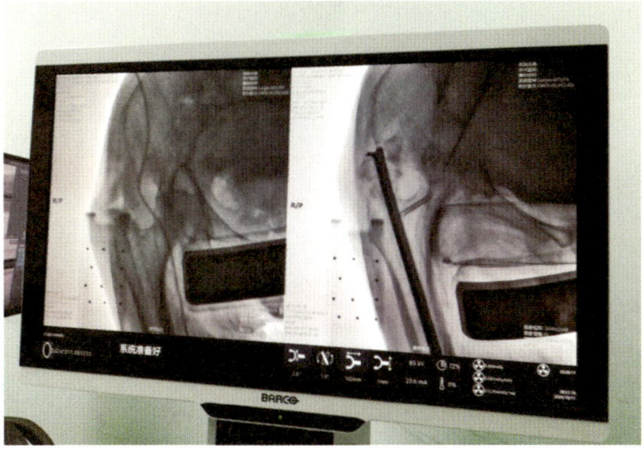

电子屏显示的患者大腿手术前后对比影像

发明骨盆手术技术装置，解决微创手术“对不准”难题

这套技术装置的一大创新点在于针对骨块绞锁复位的难题，首创了双向旋转解锁牵引加压器，能有效实现骨折块六个自由度的复位与持久维持复位，其复位精度优于国际通用标准；针对控制健患侧骨盆旋转移位的难题，团队创新经皮骨盆通道长螺钉抓持稳定构型及工具，复位的优良率达到了97.6%，解决了微创手术“对不准”的难题。

针对持久维持复位稳定状态的难题，团队创新设计了基于梯形双侧对称外固定架及匹配床体及螺钉连接的结构（最大负载100千克及80千克解锁力量），实现了骨块复位与断端加压的持续稳定。

让骨科主刀医生拥有一双“透视眼”

陈华表示，骨盆骨折手术的一大难点就是难以精准定位骨折的点位，因为骨盆骨骼位置较深，上面有皮肤、脂肪、肌肉及很多器官遮挡，常规情况下只有破开盆腔才能看清楚，但这可能造成创伤面积太大，出血太多而引发各种风险。即便是很有经验的医生，做手术时也会感到棘手。能不能让主刀医生拥有一双“透视眼”和手术专用配套的设备器材，实现对骨折端的精准定位，实现更精确的微创手术呢？

为此，陈华团队准备借助另外科室的先进扫描显影技术来实现骨盆骨折复位微创化。他们穿上手术铅衣，在手术室里一遍一遍演示操作，历经6个月的反复打磨，“透视眼”的理念基本实现，术中病人的实时透视片子能够即时传输到电脑系统。然而，又一个难题卡在了运用电脑系统精准规划和指导手术上。原来，电脑系统端的图像通过无线适配器与手术台上病人的实际情况匹配不上，误差很大。

面对这种情况，陈华和团队成员绞尽脑汁，想了很多办法。后来，陈华决定改变适配器上卡槽的形状，他通过多方打听找到一位已经退休的钳工师傅，将适配器上的卡槽做成了五角星状。陈华把五角星的子母卡扣装回系统，不仅实现了虚拟骨盆与真实结构的完全耦合匹配，而且还能从多个维度对骨折块空间位移进行精准监视。

随后，陈华团队乘胜追击，又在国际上首创研发了 HoloSight 知见创伤手术机器人系统，并设计出了专用配套器械，同时将各个单独的控制系统进行信息集成，使各个设备之间既能信息共享又能互联互动，实现了智能化辅助路径规划。这就像给主刀医生戴上了隔着皮肉能看到骨头的“透视镜”，通过 X 射线透视后，在指哪打哪、打哪指哪的精准定位中轻松实现骨盆骨折复位与固定、超长螺钉经皮微创和穿骨固定，大大降低了手术难度。

据陈华介绍，这套骨折位移智能监视系统实现了术中实时、精准、任意维度测量骨盆骨折的移位，还能监视骨折的闭合、解锁、复位，引导超长螺钉的安全置入与固定，其测量精度小于 0.15 毫米，定位精度小于 1 毫米，从根本上解决了骨盆骨折微创手术“看不见”的难题。

如今在第四医学中心骨科医学部，面对严重骨盆骨折创伤患者，最快能够实现当天做骨盆骨折复位微创手术。术中切口从几十厘米减小到几个 1 厘米长的小切口，手术时间窗从伤后 10～20 天减少到伤后 1～3 天，出血量从 800～1500 毫升减少到 30～50 毫升，极大地提高了治愈疗效。

专为骨科手术研制全透视、多功能手术牵引床

要实现对骨盆骨折患处的精准定位，并实现“完全透视”下的微创手术，就需要对患者全身或盆腔三维立体进行无死角扫描。但普通手术床多为金属材料，如果从侧面或下端进行扫描，金属会严重干扰扫描的进程，影响到扫描的精准度。

针对这个问题，陈华又带领团队研制出了一种全透视、多功能手术牵引床，这种床体采用的是碳纤维材料，可实现术中大空间、广范围、无遮挡的全投照透视和上下升降、左右倾斜、轴位旋转多维度操控，以及纵轴双向牵拉、翻转，且中柱结构为反向牵引力量提供均衡对抗，确保术中牵引状态稳定可控，解决了微创手术难定位及不便捷等难题。

让新技术装置服务更多骨盆骨折病人

据了解，陈华团队研发的骨盆骨折微创治疗关键技术系列装置，不仅可用于骨盆骨折手术，还可用于脊椎、四肢等全身其他部位的骨折手术以及康复。为了将相关成果尽快推广应用，服务更多病患，减轻骨科医师们的负担，陈华带领团队做了很多工作。他们依托医院的骨科医学部打造出了骨盆骨折微创治疗技术培训基地，以《骨盆髋臼骨折微创治疗》为基本教材，走上“线上精讲会”直播培训的路子。他们还在国家骨科与运动康复临床医学研究中心开辟直播平台，由唐佩福院士牵头，陈华等专家组成宣讲组，每周聚焦“环骨盆微创治疗关键技术”举办研讨精讲会。

为了让骨盆骨折微创手术培训更方便，陈华团队发明了骨盆骨折远程交互式操控系统，实现了在北京端的远程指导和操纵下，远在千里之外的另一端可以顺利实施骨盆骨折微创手术，经过简单培训后的普通骨科医生也能担任骨盆骨折微创手术的主刀。陈华还带领团队成员创新性地解决了远程医疗中存在的信号传输延迟、画面质量差、互动效果不佳、人工智能辅助程度不高等问题，运用异构融合虚拟网络通信技术，通过智能算法传输数据、部署多级节点、多个网络通道的带宽聚合叠加等方式，实现了网络在残缺不稳定和恶劣环境下高可靠、实时的双向高保真信号质量传输，保障了远程交互式手术的顺利开展。

到目前，此项技术发明已推广应用到全国 25 个省市 181 家医院，治愈患者 4500 多例，大大减少了手术创伤，降低了转诊消耗，促进了患者的康复进程，也为患者大大减轻了经济负担，推动了我国骨盆骨折救治水平跻身国际先进行列。

获奖情况

骨盆骨折微创治疗关键技术装置的发明与应用

技术发明奖一等奖

水中"膜"法助生命之源更澄澈

撰文 / 廖迈伦

曾几何时，水质安全无人问津让霍乱肆虐，氯消毒法的出现挽救了千万人的生命，自此，水处理领域的首个标志性工艺逐渐形成。百年之后，膜分离技术孕育而生，赋能深度水处理工艺，却是一位离不开"钱袋子"的"病秧子"和"药罐子"。面对此种情况，由中国科学院生态环境研究中心领衔的"膜法师"团队大显身手，演绎出玄妙的水中"膜"法。

100 多年前，英国科学家约翰 · 斯诺在伦敦霍乱大暴发时期，首次使用氯气对水系统进行消毒，进而有效杀灭了水中的病原微生物，改善了饮用水的卫生状况，从而让"以水为介"的霍乱逐渐"无处藏身"，也让后人免受这一甲类传染病之苦。这是人类历史上第一次将氯消毒法应用于饮用水的安全问题中，自此，氯消毒法逐渐成为水处理领域的核心，随后，逐渐形成了以混凝、沉淀、过滤、消毒为主的自来水处理工艺，这也是在水处理领域诞生的第一个标志性工艺。

聚焦水处理领域痛点，探寻膜分离技术更优解

进入 20 世纪五六十年代，随着农药、人工药品及化学品的出现与排放，水环境面临新的水质风险，由此，以臭氧和生物活性炭为代表的深度水处理工艺逐渐出现。20 世纪 70 年代，膜分离技术逐渐应用于水处理行业，为深度水处理工艺增加了更多可能性。

湖南省长沙市梅溪湖（雷锋）水质净化厂及高负荷膜组件（右上角）

作为 21 世纪一项具有变革性的水处理技术，膜分离技术相比传统分

低维护装配式水厂装备

离技术，具有无相变、流程短、出水品质高等诸多优点。然而，其缺点也十分鲜明，可以说是“钱袋子”“病秧子”和“药罐子”。

膜本身的成本较高，在膜过滤水的过程中，由于水中颗粒物与微生物堵塞，不可避免会出现膜污染，造成水通量的下降，需对其进行物理与化学清洗，从而导致药剂与运维成本的增加。可见“膜”的方方面面都离不开“钱袋子”的支持。以膜分离技术为核心的水处理技术，运行维护也较为频繁，比较容易出现“身体”问题，就像一位不太健康的“病秧子”。此外，为控制膜污染，在实际应用中需添加大量的化学药剂，如同大型“药罐子”，且在此基础上，还需要通过增加许多附属的单元作为前处理或后处理，来提升它的效率。

针对膜分离技术存在的诸多问题，团队自 2010 年始便陆续开展相关研究，在少加或不加药剂的基础上，探寻控制膜污染的优势方法。通过对多种技术与工艺的优化组合，开发出低维护 - 短流程膜法水处理技术并应用，实现了水处理系统工艺流程的减少及效能的提升。

巧用“变堵为疏”之法，实现关键性新突破

创新的浪潮正席卷每一个亟待解决的问题，在水处理领域也不例外。面对传统膜分离技术存在的诸多不足，团队率先从原理层面入手，创新性地提出了动态膜的调控原理，实现了“变被动为主动”。

曾经，在自来水净化或污水处理的过程中，超滤膜表面会不可避免地形成污染物构成的滤饼层，随着时间的推移，它会愈加密实，进而堵塞膜孔。由于膜分离技术主要依靠膜孔筛分来实现水的净化，因而膜孔一旦出现部分堵塞，便会造成水通量下降。此时，传统的解决办法往往是通过加入大量的药剂或被动地增加压力，但这会造成药耗和能耗的提升，且出水量也会出现下降。若置之不理，出

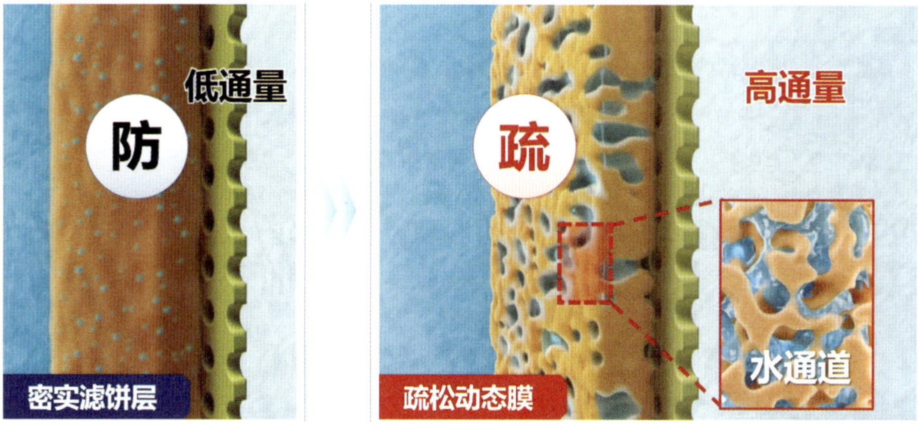

变“被动防”为“主动疏”的膜法水处理技术理念

水量将越来越低，效能会受到严重影响，成本也会随之增加。

针对传统方法存在的诸多劣势，团队基于“大禹治水”之灵感，采用“变堵为疏”的理念，将被动预防变为主动疏解，引入新技术主动地调控滤饼层的层次、结构、形貌与组成，从而保障膜的健康运行。其中，最常用的办法是在膜分离的前端，借助强化混凝的方法去除一些污染物，减少它们在膜表面的沉积。通过调控絮凝剂的成分，使它主动地在膜表面形成一层疏松多孔的动态膜，这不仅能够实现对小分子污染物的截留，还能作为“动态屏障”对膜实现保护，从而进一步强化膜的分离作用。

在提出水通道的优化与调控原理的基础上，团队摒弃了常规的技术方式，聚焦关键材料研究，通过形态优化进一步调控动态膜的结构。同时，重视膜组件的开发，将膜组件置于两个电极中间，使两者实现一体化，既利用絮凝作用又发挥电场作用，共同促进生成更加均匀且疏松多孔的动态膜结构。此外，针对大型污水处理工程的庞大需求，不断尝试开发新材料，打造能够满足高负荷需求的高通量膜生物反应器（MBR）组件，在技术上解决了众多关键性难题。

尽管在水处理领域已经取得了重要突破，但团队成员并未止步于此。结合近年来人工智能与机器学习的热潮，积极探寻 AI 与大数据的辅助之力，通过新兴技术与水处理系统的有机结合，进一步降低运行维护的工作量并保障出水的稳定性。

或许难以想见，相比传统的自来水厂，农村的分散性水处理工程更需要人工智能的助力。由于分散性水处理工程水质、水量的波动较大，后续的处理端工程师需要不断地通过调整参数来及时应对，不仅十分被动，而且对工程师而言也具有较大挑战。但借助人工智能的辅助，用机器学习的办法开发模型并植入水处理工程中，便能化被动为主动，在保障水质稳定性的同时，降低运维人员的工作量和工作压力。

推进实地应用，满足国内外多样化“水需求”

艰难困苦，玉汝于成。十几年的漫漫征途，让这项技术至臻完美，在不断提升的过程中，它也并未囿于实验室这一方天地，而是真正惠及了国内外多个地区。

京畿大地之上，低维护 - 短流程膜法水处理技术为水厂解决了棘手难题。作为北京市自来水供应系统的重要组成部分，309 水厂承担了为周边地区供水的重任，但其厂房的占地面积却较为有限，无法满足传统工艺长流程的设备占地。为解决这一问题，水厂与团队合作，采用了“混凝 + 超滤”的短流程水处理工艺，将工艺流程缩短了 40%，完美解决了占地不足的问题，自建成通水至今，一直保持着稳定、达标运行的优良态势。

不仅为水厂解难，再生水处理工程中也有这项技术大显神通。温榆河二期再生水处理工程，采用了团队研发的高负荷 MBR 组件，进而将膜的寿命及其化学清洗的再生周期延长了 30% 左右，水通量也得到了增加，从而大幅降低了日常运行成本与运维工作量。

助力大型工程之外，团队在突发应急领域也带来了“及时雨”。2021 年，房山突降特大暴雨，青龙湖镇的供水设施几乎毁于一旦，无法满足居民日常饮水的需求。此时，团队为其提供了一套水处理设备，对附近的水源进行净化，使其满足饮用标准。设备采用电化学法来替代加药环节，并用超滤膜进一步提升水质，操作简单便捷，快速解决了非常时期的饮水难题。

随着不断推广应用，该项技术逐渐赢得了国内外众多相关领域专家的认可，继而走出国门，服务于更多国家，斯里兰卡便是其中之一。众所周知，斯里兰卡的水处理能力相对落后，大多数自来水和饮用水并未达到世界卫生组织规定的标准。基于此种情况，团队决定助其推广分散型水处理工程，通过将电化学和膜分离相结合，借助电化学原位的化学反应，替代絮凝剂或氧化剂，从而实现无药剂运行，进一步减少运维工作量和水处理成本。这种装配式水厂应用后，成功解决了当地水源一直以来存在的卫生问题，让当地居民能够享受到甘甜、清澈的饮用水。

中方援建斯里兰卡低维护装配式饮用水厂

诚然，在斯里兰卡建设分散型水处理工程也面临了未曾在国内遇到的难题，即电力不足与电压不稳，因此水泵经常会因突然断电而频繁关闭与开启，对使用寿命造成影响。面对这一情况，团队也在思考应对之法，考虑在未来的技术迭代中，考量基础设施相对落后国家的实际需求，研发适配太阳能发电的水处理设备。

为进一步加强合作共赢，中国科学院与斯里兰卡供水部，以及斯里兰卡顶尖学府佩拉德尼亚大学三方联合，共建了中国—斯里兰卡水技术研究与示范联合中心，并依托中心开展了众多与水卫生、水环境相关的重要工作，立志将斯里兰卡打造为发展中国家水处理领域技术与工程示范基地，进而逐渐辐射到其他发展中国家，进一步实现推广应用。

寻求多角度提升，迎接水质安全“高阶”新挑战

心之所向，步履不停，工艺永远会出现“更优解”。未来，团队希望聚焦三个不同层面，继续深入探究，寻求更前沿的突破。

其一，着力推进应用基础研究，提出崭新的水质净化原理与方法，如通过关注微观水分子在水处理过程中的结构转化规律及其所带来的效应，重新认识现有工艺，不断进行优化与提升。

其二，重点关注关键材料与装备的开发，如高通量的纳米膜材料和对离子具有选择性分离效应的膜材料，以及更先进的电极催化材料。希望借助新材料之力，

开发出功能更为强大的反应器，瞄准污水的资源化与能源化，为水处理工艺增加更多功能性。

其三，打造更为智能化的模拟系统和控制系统。众所周知，现有饮用水处理工艺，更多地依赖工程师与专家的经验，相对而言较为主观。因此，团队希望能构建出智能化模拟平台，若已知进水水质、处理工艺与参数，便可对当前甚至未来出水水质进行预测，从而给出合理化建议与方案。为拓宽服务广度，期望以开源的方式搭建智能化模拟平台，为水处理领域提供更为安全、可靠的可行性方案。

路远任重，行走在亟待突破的荆棘之路上，更多崭新的挑战已悄然而至。近年来，全氟化合物、抗生素、微塑料等新污染物逐渐显现，水质风险的“高阶”控制难度进一步增加。同时，随着近些年污水治理的大力开展，黑臭水体污染基本已成为过去式。蓝绿交织的水环境已是常态，然而水生物的完整性却并未能完全恢复，水生态的保护与修复亟待更多支持。面对需要翻越的连绵山峰，团队心存希冀，目有繁星，在水处理与水环境领域不断深耕，为生命之源的澄澈与健康添砖加瓦。

获奖情况

低维护－短流程膜法水处理技术与应用

科学技术进步奖一等奖

追踪大气污染物　打赢蓝天保卫战

撰文 / 阮帆　李晶

PM2.5、PM10……这些不同粒径的颗粒物（PM）如何在北京及周边城市发展演变？造成城市和区域大气重污染的原因和过程是怎样的？为了能“知己知彼”，打赢蓝天保卫战，有效防控大气污染，有这样一群锲而不舍的追踪者，他们像最优秀的“猎人”，出现在每一次重要污染事件的现场，开展精细观测和动态综合来源解析，用科学手段为京津冀地区撑起了一片蓝天。

从雾霾锁城到“北京蓝”，再到“京津冀蓝”

这几年，生活在北京的人们有一个突出的感受，空气质量改善明显，蓝天白云不再罕见。经过十多年的努力，曾经难得一见的“奥运蓝”“阅兵蓝”“APEC 蓝”，如今正逐渐成为常态的“北京蓝”。

从“蓝天难见、繁星无影”到“蓝天白云、繁星闪烁”，北京用十年的时间，完成了发达国家二三十年的大气重污染治理历程，被联合国环境规划署（UNEP）称赞为“北京奇迹”。

在此期间，京津冀及周边地区也一直在协同作战，2013 年以来京津冀三地大气 PM2.5 浓度下降幅度都在 60% 左右，蓝天数大幅增多，“北京蓝”已经变成“京津冀蓝”。

在这个看不见硝烟的战场上，始终有一群科研人员冲锋在前。他们是“猎人”，追踪着重大污染事件的脚步，他们是“侦察兵”，监测着大气污染的成因和演变，为北

大气颗粒物监测点

京的污染防治攻坚战提供了强大的科技支撑。

布下“天罗地网”，十余年持续追踪大气污染事件

2023 年，“北京及周边地区大气颗粒物演化特征及重污染成因研究”项目，荣获了北京市科学技术奖自然科学奖二等奖。奖项里面包含了十多年来科研人员连续观察北京及周边地区城市大气颗粒物理化特征及其演变和来源的默默奉献。

20 世纪八九十年代，每年一到春天就来“报到”的沙尘暴带来黄土弥漫。进入 21 世纪后，随着我国加入世贸组织，城市化和工业化进程快速发展，粗放型、重化工的能源结构和产业结构，叠加上城市机动车的迅猛增长，导致我国中东部地区大气复合污染问题越发突出，尤其是京津冀及周边地区，秋冬季重污染过程频发，雾霾问题日益严重。

当时，国内主要关注煤烟型污染，包括区域酸雨和城市二氧化硫污染问题。根据发达国家经验，科研人员预测大气氮氧化物排放因其对区域酸雨、大气颗粒物及水体富营养化等多方面的影响，将成为下一步热点研究问题。北京师范大学大气环境研究中心主任、环境学院教授、大气污染控制研究所所长田贺忠攻读博士期间，在导师郝吉明院士指导下，率先开展了中国氮氧化物排放清单历史及未来趋势的研究，并在研究过程中发现了中国大气颗粒物污染与氮氧化物排放的密切关系。

随着研究的深入，科研人员开始关注 PM2.5 等更细微的污染及其对公众健康的影响问题。研究显示，与粗颗粒物相比，细颗粒物因其可以深入肺部对呼吸健康影响更大，因此监测继续扩展到更细小的颗粒物上。PM2.5 与呼吸系统健康密切相关，亚微米颗粒物进入肺泡甚至穿过气血屏障进而影响心脑血管系统，而空气污染物也已被列为致癌物，每年可导致大量过早死亡。

对于随时都在发生扩散传输和化学转化过程的大气颗粒物，传统的短期采样方法很难解析其污染变化过程。自 2010 年起，田贺忠带领的北京师范大学研究团队持续关注并研究大气颗粒物演化及污染领域相关问题，并通过设置监测点采集和分析不同粒径颗粒物及其气态前体物等相关数据，开启了长达十余年的在线连续观测。这一观测的研究范围从单一城市扩展到更广阔区域，发现了京津冀及周边省区的社会与工业活动对北京地区大气细颗粒物污染的影响，以及区域输送的贡献。

田贺忠介绍，团队最早的大气颗粒物监测点，设在位于北京市北二环和北三环之间北京师范大学校园中心位置的环境学院楼顶上。在他看来，那里的地理位置具有典型特点，因周围没有明显污染源和高大建筑物影响，成为一个反映城市中心城区大气污染状况的典型观测地点。

后来，这个观测网络相继扩展到了北京师范大学周围的城市居民混合文教区、北四环边上汽修厂的主干道交通繁忙区……从城市中心区到交通繁忙的站点，团队全面采集了北京空气污染的第一手数据。

北京郊区的情况如何？为了监测郊区对北京大气污染的影响，团队不仅在临近北京和河北交界的大兴区采育镇的写字楼顶建立观测点，还远至密云水库附近的翁西庄镇，在山顶上设置背景监测点进行不同季节典型时段的连续采样，观测北京市不同典型功能区的大气 PM10/PM2.5 污染特征及时空变化。

有别于城区的采样条件，在野外采样要付出很多努力，如克服电源接入和周边环境干扰等难题。团队成员在定期现场采样的基础上，也通过培训当地农民协助开展采样，继续增加监测的时效和周期。

田贺忠介绍，尽管研究经费有限，他们的团队仍自 2011 年开始坚持延长研究时间，将定期监测转变成一种持续的周期性的观测过程，并根据气象条件预判针对一些典型重污染过程开展强化观测。从最初每次的采集一周，延长至采集半个月，如今每年采集时间已经延长至 4 个月甚至更长。如果气象条件发生变化，团队还会提前预判可能发生的重污染过程并进行强化观测。

田贺忠团队在大气颗粒物监测点追踪大气污染事件

在不懈的长期坚持下，团队无意中也成为北京雾霾事件的历史“见证者”，无论是 2013 年的“1 月霾”，还是 2016 年 12 月至

2017 年 1 月的“跨年霾”，抑或从 2020 年到 2022 年连续两年的“春节霾”，团队从未缺席，都在第一时间监测并解析了这些事件。尤其是 2016 年，团队从 12 月 15 日提前开始采样工作，“幸运地”捕捉到了当年那场提前到来的“跨年霾”的完整污染过程。

协同作战，从技术合作到地域合作

大气污染是一个十分复杂的系统问题。尽管北京对大气污染的治理力度持续加强，但仍出现过几次较为严重的污染事件，由此也推动北京市在“十三五”时期设立了许多大气专项的相关研究。大家对雾霾问题的关注进一步加深，也期待能够对其进行更为精细化的研究。

然而，长时间、大范围的大气污染研究，从来不是一个团队能够完成的事情，它需要许多科研团队的协同作战。而本项目也正是体现团结协作、区域联防联控的一项典型的合作成果。

在项目团队中，中国科学院大气物理研究所（以下简称“大气物理所”）的孙业乐团队是最早在北京开展大气 PM2.5 观测研究的团队之一。大气物理所使用的是连续在线观测仪器设备，可获得分钟级分辨率的颗粒物化学组分数据，因为传统的膜采样时间间隔长（小时到天），难以捕捉污染物的快速形成和变化过程。

幸运的是，田贺忠团队与孙业乐团队的研究能够形成一种相互的辅助，他们从不同的角度研究污染物过程，并发现了一些有趣的现象。两个团队共同发表的这一研究成果，也恰逢大气科学领域的重要时刻——蓝天保卫战的总结阶段。

田贺忠带领团队监测大气污染事件

研究发现，北京细颗粒物的主要化学组分为有机物，平均占比 40% ～ 51%，同时硝酸盐逐步超越硫酸盐，成为最重要的二次无机组分。细颗粒物化学组分还呈现明显的季节变化，冬季受燃煤排放影响有机物和氯化物贡献显著增加，夏季二次无机气溶胶贡献（57% ～ 61%）

则高于冬季（43%～46%）。

基于长期和区域观测数据，项目还阐明了不同季节典型重污染过程成因及年际演变特征，结果发现北京颗粒物污染由本地排放、污染物聚积、二次反应及区域传输等因素共同驱动。静稳高湿天气条件下硫酸盐的非均相反应生成、北京西南沿太行山的区域输送和边界层高度的降低是北京 PM2.5 爆发性增长的关键。而在夏季，硝酸盐的气 - 粒分配和夜间非均相反应生成机制主导了污染的形成和演变。上述系列研究成果指出区域联防联控、燃煤和移动源优先控制对北京及周边地区大气颗粒物污染防治的重要性和紧迫性，进而为北京及周边空气质量持续改善和重污染精准防控提供了重要的科学支撑。

全面破解大气颗粒物演化问题

大气污染研究最初集中在北京，但团队很快发现污染现象具有区域性特征，且相互影响显著。因而，仅限于北京地区，仍无法全面破解大气颗粒物演化的问题。

2008 年奥运会期，团队已认识到这一点，因此将研究区域扩展到京津冀地区。2013 年至 2014 年，形成覆盖北京东、东南和西南方向的观测网络，获得连续一年四季的观测数据，观察京津冀地区四个典型城市监测点的大气 PM10/PM2.5 变化及其相互影响。

自 2014 年起，团队进一步将监测站点从北京扩展至京津冀及周边地区，在 6 个城市同时采集大气 PM10/PM2.5 样本，并结合区域大气排放清单和空气质量模式模拟开展综合研究。研究发现，除了京津冀，距离北京更远的河南、山西、山东对北京的大气 PM2.5 污染都有影响，特别是在山东和河南的监测发现，无论风向如何，北京的大气颗粒物组分和数量都会受到影响。

根据之前的研究机制，团队发现了秋冬季非常典型的一条污染路径，即在静稳高湿天气条件下，受偏南风输送影响，污染气团从河南开始，沿着太行山东麓一直往北，逐渐移动到北京，在燕山山脉和西山山脉的阻挡下污染聚集并进一步发生复杂的大气化学过程，促使重污染过程的形成。

为此，团队在众多单位和同行帮助下，在华北电力大学（保定）、河北科技大学（石家庄）、河北工程大学（邯郸）、河南师范大学（新乡）、郑州大学（郑州）

田贺忠团队

等设置监测点开展不同粒径颗粒物采样，通过设计统一的监测规范和采样系统，获取覆盖了 6 个城市代表点的不同季节监测数据。该系统的监测项目主要包括 PM10、PM2.5，并在北京等部分站点同时监测 PM1。为了在 6 个城市同步开展不同粒径范围的颗粒物采样，团队准备了十几套大气颗粒物采样系统，在每个季节采样开始前对仪器设备进行调校，并由研究骨干对不同点位参与测试的人员进行现场培训和指导；6 个监测站点获取了几千个不同粒径颗粒物样品，并定期集中收集后采用统一的测试仪器进行分析测试，从而保障了采样的质量和数据结果的可靠性。像这样针对一个典型的污染传输通道、同步开展 6 个城市的不同粒径颗粒物采样测试研究，在当时并不多见。

与此同时，团队在大气物理所铁塔分部超级站，基于实时在线质谱气溶胶化学组分监测仪（ACSM），率先开展细颗粒物化学组分的高时间分辨率（5 分钟）、长期连续观测，深入探究细颗粒物组分的季节和年际变化，以及不同季节污染的成因机制。同时，团队利用受体模型对有机组分进行来源解析，准确量化有机气溶胶组分来源及其在重污染形成中的贡献，引领了国内气溶胶质谱的观测和分析。

通过 6 年的持续监测研究，团队根据捕捉的完整天气过程，分析发现了大气颗粒物的区域性、同步性、滞后性和相互影响性特征。

通过构建区域大气排放清单并结合空气质量模式模拟分析，团队的监测网络扩展至更为广泛的区域。例如结合气象学进行研究，从粗颗粒观测转向更细致的 PM2.5 和 PM1 监测，关注对健康影响更大的纳米颗粒物。

依据科研成果，团队在不同城市开展了多项大气污染监测服务，如反映不同能源和产业结构对大气颗粒物演化的影响，了解不同企业的排放和分布情况，为城市环境管理改善提供了有益的科技支撑。

0.1 微克的战争，大气污染治理未来可期

2021 年，国家提出“双碳”目标，通过绿色低碳转型实现经济社会发展。2024 年 1 月，中共中央、国务院发布了关于全面推进美丽中国建设的意见，其中明确提出，要持续深入推进污染防治攻坚，持续深入打好蓝天保卫战，到 2027 年，全国 PM2.5 平均浓度下降到 28 微克 / 立方米以下。

北京自 2021 年空气质量全面达标以来，2021 年、2022 年、2023 年的 PM2.5 年均浓度分别是 33 微克 / 立方米、30 微克 / 立方米、32 微克 / 立方米，离 28 微克 / 立方米的全国目标仍有一定差距。

在空气质量持续改善、浓度进入一个低水平阶段的时候，每降 1 微克都要付出相当艰苦的努力。北京处在全国大气污染物排放量和排放强度最高的京津冀区域，想要达到全国平均的目标值，“一微克一微克地抠”恐怕都不行，得“0.1 微克 0.1 微克地抠”。因此，北京提出精细化管理目标，未来工作难度将会增加，绿色低碳转型需项目落地实施。

城市在不同发展阶段面临新问题和新挑战，治理大气污染的战斗仍未结束。田贺忠表示，新能源带来新问题，传统煤炭污染问题被新能源取代，但新能源使用带来对稀有金属材料的需求，可能引发新的环境问题。他将继续带领团队，不断发展新理念，应对新能源和绿色低碳转型的新挑战。

获奖情况

北京及周边地区大气颗粒物演化特征及重污染成因研究

自然科学奖二等奖

让文化遗产从过去来，向未来去

撰文 / 贾朔荣　供图 / 北京建筑大学

针对大型文化遗产保护与利用中长期存在的“价值认知缺乏系统性”“信息留取缺乏层次性”“虚拟修复缺乏科学性”和“展示利用缺乏多样性”等技术难题，北京建筑大学等单位开展了历时 15 年的科学研究和应用推广，解决了文化遗产保护中的多项难题，推动了该领域的进一步发展。

2024 年，国产游戏《黑神话 · 悟空》横空出世，不仅迅速吸引了全球的目光，也将中国物质文化遗产的魅力展现在世界面前。天津蓟州区独乐寺，山西大同云冈石窟、朔州应县木塔、临汾隰县小西天，福建泉州开元寺东西塔……据统计，游戏在国内的现实取景点达到 38 处，不仅让我国文化遗产“出了圈”，也让更多人对背后的历史和传承的文化产生了浓厚兴趣。不同于《黑神话 · 悟空》中对实景的复刻，北京建筑大学也有这样一支团队，通过技术手段，融合多学科知识，用另一种方式修复文化遗产，让古物焕发新生，再现不同时期的辉煌。

国内首创千手观音保护修复全过程效果控制

据定义，文化遗产从存在形态上分为物质文化遗产和非物质文化遗产，物质文化遗产又包括古建筑、石窟寺等不可移动文物，艺术品、手稿、图书等可移动文物，以及历史文化名城。其中，尤以不可移动文物的修复最为困难。

“难点主要体现在体量大和结构复杂。”团队负责人、北京建筑大学测绘与城市空间信息学院教授、副院长侯妙乐说。

在尚未应用数字化技术时，对文物的修复主要依靠有经验的匠人。那么，如何实现文化遗产修复的可持续发展？是否能用技术手段，将流程和工艺可视化，辅

团队在位于北京建筑大学内 1：1 复制的“云冈石窟第十八窟”前合影

助甚至指导真实的修复过程？2007 年，侯妙乐团队便率先在国内开展了这项工作。

2008 年 5 月，国家文物局将大足石刻千手观音抢救加固保护列为国家石质文物保护“一号工程”。由于病害之复杂、保护难度之大、技术要求之高、涉及学科之多、参与专家之广，项目开创了全国大型不可移动文物修复的先河。在中国文化遗产研究院的指导与统一部署下，侯妙乐团队参与其中，通过技术手段留取了修复前、中、后多层级亚毫米级数据，实现了数字化支撑的石窟修复。

在具体操作中，通过无人机、驻站三维激光扫描、关节臂高精度三维激光扫描等方式，团队实现了对佛像宏观、中观、微观的多空间尺度三维信息采集，分辨率可达 0.045 毫米。在此基础上，团队进一步构建了大足石刻千手观音时空信息模型，并基于深度学习实现了对其病害（即自然、人为等因素对文物造成的伤害，如脱落、崩裂、起翘、尘土、烟熏等）的智能提取与空间分析，最终在国内首次实现了石窟造像保护修复的全过程效果控制。

基于此，团队在国内首次开创了大型文化遗产多维动态信息留取表达与活化利用共性关键技术体系，为虚拟修复在我国的创新发展筑牢了坚实基础。

“体系主要包括四个部分，首先是多维价值认知，即对文物和修复的认知。我们完全尊重文化遗产的价值，并且客观认识其所经受的病害的历史演变等，并将其转化成修复的依据。然后是认知之后的数字化采集，要把文化遗产从现实世界搬到数字空间。这一过程涉及多维动态采集、数据采集、高精度数字化采集留取等技术创新点。在此基础上，便是如何实现修复。这又涉及对可移动文物和不可移动文物采用不同的方法、对纹理和几何采用不同的方法等。具体而言，涉及

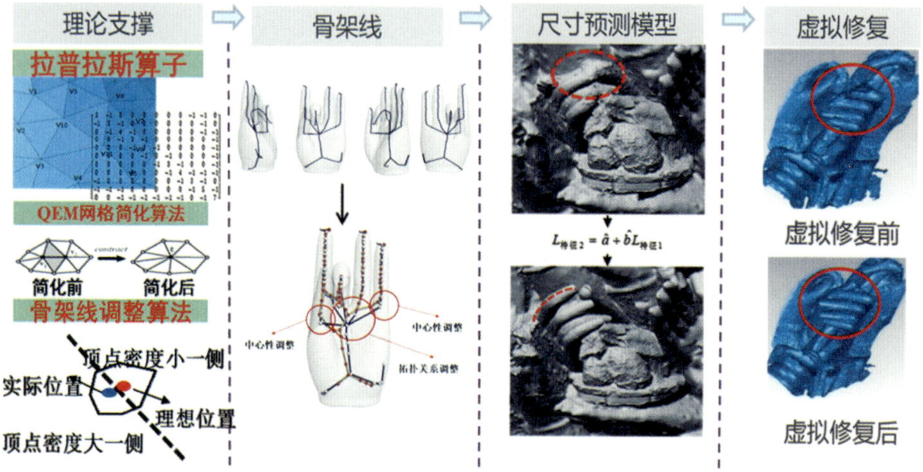

千手观音虚拟修复技术路径

图像复原算法、深度学习、知识图谱等技术。最后就是修复结果的验证及活化利用。”北京建筑大学讲师、院长助理董友强介绍。

文化遗产就像往来于古今的故事讲述者，它们本身就是历史，也承载着不同时期的历史演变。而虚拟修复就像收音机，按下按钮，文物及所承载的故事便能娓娓道来。

穿梭古今，再现文物不同时期的辉煌

那么，虚拟修复到底是什么？

按照定义，虚拟修复（Virtual Restoration）是指在计算机中基于高精度三维模型实现文化遗产历史几何形态和纹理的复原，又称为数字复原、模拟修复或数字化修复。

事实上，虚拟修复发展至今已有近 30 年的历史。早在 1995 年，英国便举行了“虚拟世界遗产”会议，展示了巨石阵的虚拟修复，这标志着建筑遗产虚拟修复的开始。中国的敦煌研究院也在 20 世纪 90 年代联合多个国际机构，开展了敦煌艺术的虚拟修复工作。进入新时代，虚拟修复的技术特征、应用范围和实施流程也发生了深刻变化，出现了“多技术融合、全周期应用”的特点。近年来，

虚拟修复开始利用三维立体显示和交互设备，提供沉浸式体验。

通过虚拟修复，不仅可以为文化遗产本体的修复提供参考依据，也能让其再现不同时期的辉煌，变得更加“鲜活”。

以团队曾经参与的长城九眼楼虚拟修复工作为例，便可窥见虚拟修复的意义。作为万里长城之上建筑规模最大、规格最高的敌楼，在北京市延庆区文物局的支持下，九眼楼现已开发成为“九眼楼长城自然风景区”。在此基础上，文物局进一步考虑是否可以将九眼楼的原貌、历史演变复原，为游客提供更好的参观体验。

“当时我们就在九眼楼现有的基础上对其历史演变过程进行了复原。尤其是它的排水口，是往内还是往外，以及长城不同时期的原貌如何等。”董友强介绍。在他看来，有的修复，如陶瓷，是相对固定的；而虚拟修复则能在合理的修复证据下，为游客提供一个开放式的答案，正如有一千个读者就有一千个哈姆雷特。

在侯妙乐看来，虚拟修复可以在不损害原始文化遗产的前提下，实现对文化遗产的保护和传承；此外，利用虚拟现实等技术，可以精确记录文化遗产的形态和特征，辅助修复专家进行更精确的修复，提高效率和准确性；同时，可避免对原始文物造成二次损害，在文化遗产的灾后重建、数字化存档等方面发挥重要作用。

长城九眼楼虚拟修复技术路径

找到虚拟修复的依据就像“开盲盒”

基于十余年的技术积累，团队已经参与过布达拉宫、周口店、云冈石窟18窟、中轴线等多个大型工程，修复内容涉及石窟造像、墓葬陪葬品、壁画、古建筑等多个类型，然而，仍然有一项工作于他们而言极具挑战，那便是找到修复的依据。

“我们不能靠主观臆断进行虚拟修复，必须要找到科学的修复依据，且对这些依据进行定量化的表达，基于这样的虚拟修复才有可靠性。”侯妙乐表示。而每一次的虚拟修复过程都不相同，就像是“开盲盒”。

虚拟修复的复原依据主要分为两类：一是文献等史料信息，二是通过测绘实际获取的数据信息。

在做千手观音的修复时，侯妙乐团队以“对称相似手”为依据展开修复。当时，他们发现整个观音的手以中间轴为基础，向两边发散对称，所以便有了“对称相似手”的概念。而开始修复时，由于复刻的技术条件没有现在先进，基本是通过手动量算，工作开展难度较高。“我们要找出最相近的手作为修复依据，如果不相近，则要把现存的800多只手中400多只完好的、有5根手指的模型找出来，然后推断缺失的长度，并进一步进行推算。”侯妙乐解释。

“此外，在潼南大佛佛首的发髻修复工作中，我们基于数学原理，了解了发髻顺时针、逆时针方向以及整体排列情况，还有是否有尖角等内容。”董友强补充道。

在总结多年实践经验的基础上，团队梳理了虚拟修复的证据层级。其中，可信度最高的证据为基于现存遗址，然后是部分改动的现存遗址、考古信息、照片或平面图、详细的图形证据、简单的图形证据、文本和比较证据、相似的结构，最后是想象。在此基础上，侯妙乐的研究生刘欣阳和杨溯还提出了基于证据矩阵的虚拟修复方法。

基于此，“在进行虚拟修复时，我们才能知道文化遗产的构成、所处的环境、时代背景，甚至它的表达，实现对其纹理（几何和形态）上的复原，以及‘语义’的复刻。”侯妙乐表示。

2024 年 7 月，北京中轴线申遗成功，侯妙乐团队也参与其中，为成功申遗提供了助力。团队完成了数字技术助力正阳桥疏渠记碑文重现，以及地祇坛和万宁桥的虚拟修复工作。对于参与地祇坛虚拟修复工作的侯妙乐的本科学生高靖贻而言，那是一次印象十分深刻的经历。

“在对已经消失的地祇坛进行虚拟修复时，我们首先读了 100 多本文献，寻找关于地祇坛的资料。然后将知识提取汇总，梳理成多维价值关系表格导入软件，制作出可以描述先农坛、地祇坛内建筑及其相互关系的知识图谱。我们还根据历史文献和众多的北京市古地图，通过专业测绘制图软件将古地图反复叠加对比，并根据现有的棂星门等的位置，推测出 9 座石龛的原始位置，厘清了石龛的历史变迁结果。”高靖贻回忆。

除了文献等史料信息，团队还通过相机和扫描仪实地测量，获取了全方位的测量信息。综合所有修复证据，团队利用专业建模渲染软件，把地祇坛的石龛、祭坛还有围墙等部分，在数字世界重新建造起来，不仅让大家看到了地祇坛过去的样子，也为将来的实地复原提供了坚实依据。此外，团队还梳理出先农坛的重大历史事件，制作成宣讲海报和讲解视频，多维度让地祇坛的故事可视化，让中轴线更好地在世界“发声”。

让文化遗产还原过去，走向未来

发展至今，虚拟修复虽然已融合跨学科知识，吸引了跨专业人才，并充分应用创新技术与工具，逐步走向沉浸式体验与远程维修的发展阶段，取得了较大的成果，然而，十几年前，这一领域几乎无人问津。谈及缘何踏上这条道路，董友强表示，“一方面是以学校的定位出发，想攻克一些新的技术难题；另一方面，想做成文化遗产虚拟修复这件有意义的事。”

一路走来，在北京建筑大学李爱群教授看来，不同机构间的合作无疑加速了技术及项目的发展进程。其中包括国家的政策和相关机构的指导，如中国文物遗产研究院；博物馆的支持协作，如故宫博物院、中国国家博物馆、首都博物馆等；企业充分发挥创新主体的作用，如测绘相关单位、设计院等。

“当很多人都来做文化遗产虚拟修复时，我觉得我们的总和就可以无限趋近文化遗产原本的样子。”侯妙乐表示。

诚然，技术也存在一定局限性，比如深度学习应用范围较为有限。“由于文化遗产具有独特性和唯一性，在修复中一定程度上缺乏大量可重复练习数据，导致目前深度学习主要应用在图像领域，而几何端应用较少。”董友强解释。

谈及未来，董友强希望能继续深入开展相关研究及应用，以虚拟修复为抓手，不光还原文化遗产的原貌，还要更好地展现文化遗产的过去，甚至未来。

随着我国文化强国建设步伐的加快，“十五五”期间将加快推进文化遗产的系统性保护和活化利用，不断探索文化产业新质生产力发展新模式。在侯妙乐看来，文化遗产虚拟修复技术发展壮大恰如其分，不仅能更好地应用于影视、娱乐、教育领域，还能丰富文旅产品的种类、拓展其范围，促进文旅产业发展。

“如进一步发展深度学习、大语言模型，针对游客的重复问答数据进行学习，为游客提供有针对性的导览服务；同时，实现文化遗产按喜好推荐等定制化服务。”北京建筑大学教授邓扬表示，“此外，也可以创新游览方式，对于文化遗产线下无法参观或进入等情况，通过可穿戴设备，实现全内容游览；我们甚至可以想象，打造文化遗产的‘元宇宙’，让身处两地的游客通过可穿戴设备，同时进入虚拟空间，实现线上同时游览，或线上线下同时游览。”

“虚拟修复相关技术还能增加展览的科普性，助力全民科学素质提升，并为我国计划到 2025 年初步建成实景三维中国筑牢数字底座，提供有效助力。”董友强进一步补充道。

获奖情况

大型文化遗产多维动态信息留取表达与活化利用

科学技术进步奖二等奖

为城市电网撑起高科技“保护伞”

撰文 / 阮帆

自然灾害严重威胁城市电网安全运行，强风、强降雨是导致电网设备停运的最主要因素，每年造成全国约数百万城镇用户停电，占总停电户数的 65.4%。“城市电网链生灾害影响预测和智能应急关键技术及应用”通过科技创新，攻克了城市电网链生灾害应对中存在“灾情估不准、灾损看不见、指挥靠经验、装备功能弱”等难题。

狂风呼啸，大雨倾盆，2023 年 7 月 29 日至 8 月 2 日，台风“杜苏芮”北上，导致北京遭遇特大暴雨灾害。

2023

科学迎战“杜苏芮”，电网交出满意答卷

在自然灾害面前，国家电网相关单位应对自如：依托城市电网灾损预测系统及时发布灾害影响预警，提前预测了北京房山、门头沟等地区 5 座变电站，89 条电力线路将遭受灾害影响（整体预测精确率为 85%），万余名保障人员到岗到位；依托精准气象预报预警系统，实时跟踪天气变化情况，提前安排电力综合应急救援队伍携带防汛应急物资装备，前往气象预测较强降雨区域驻扎值守，部署专业抢修队伍、发电车在全市各区域值守备勤；通过应急指挥系统，三级指挥系统 24 小时开启，开展气象预警、电网运行和突发事件信息收集；通过精准防汛管理系统，接入了北京市发布的低洼积水及突发地质灾害风险隐患点信息，同时接入电力巡视信息、气象数据和溢水告警信号，实现了对输电、变电、配电各专业防汛工作的统一决策指挥，提前下达了雨前、雨中及雨后巡视任务；通过智能可视化监控系统、溢水报警系统等对防汛视频回传画面、溢水报警信号等开展实时监视……据统计，北京市停电用户数量较 2012 年“7 · 21”暴雨灾害降低了 95%！

2012 年“7 · 21”北京特大暴雨，造成电网系统 450 千米线路受损，700 余户高压用户（含重要用户）停电，190 万用户受影响，灾害导致“断电、断路、

应急天通卫星 LTE 多模智能终端

断网”等影响链生传导，造成大范围停电持续近 6 天，严重影响了人民生产生活和社会稳定。

11 年两次暴雨，为何城市电网系统从措手不及到应对自如？这些预测系统、指挥系统、管理系统，还有我们看不见的无人机、智能手持系统……为城市电网应对自然灾害撑起了一把把高科技“保护伞”。

应对自然灾害，城市电网面临四大难题

我们身边常见的“网”是什么？

除了互联网，就是随处可见的“城市电网”。城市电网，一般由送、配电线路和变电所、配电所组成，是城市系统的重要组成部分 。城市电网具有“点多、线长、面广、负荷集中”的特点，一旦发生大规模停电将影响人民正常生产生活，甚至威胁社会安全稳定。

随着全球气候变化和城市化进程的加速，极端天气事件频发，给城市电网带来了前所未有的挑战。在各种自然灾害中，强风、强降雨是导致电网设备停运的最主要因素，每年造成全国约数百万城镇用户停电，占总停电户数的 65.4%，还可能引发链生灾害。

城市电网链生灾害是指在特定条件下，由一种或多种自然灾害引发的电网故障，进而引起一系列连锁反应，最终导致更广泛的灾害损失。这些灾害往往具有突发性强、影响范围广、破坏力大的特点。它们可能引发电网设备损坏、电力中断、交通瘫痪等一系列问题。特别是大城市中，集中了政府机关、重要的科学研究机构、管理单位和各种工厂、市政公共设施，供电中断会造成严重后果，

面对城市电网链生灾害，传统的应对方式面临“灾情估不准、灾损看不见、指挥靠经验、装备功能弱”四大难题。

为什么说“灾情估不准”？因为城市电网设施数量庞大、分布广泛、周边环境复杂。如果遇到强风、强降雨，造成的电网损失难以预测，存在链生传导效应，

对通信、供水、交通等生命线系统和重要用户影响分析极其复杂，预测预警难度大。因此，必须研究城市电网链生灾害影响规律，提高预测精度。

为什么说“灾损看不见”？城市电网灾损形态包括倒杆、断线、倾斜、异物等多种情形，同时电网设备与街道、平原、山区、水域等环境深度耦合。有的杆塔竖立在山崖上，有的横跨高山峡谷，有的绵延上百千米没有人烟，遇到极端天气，无人机无法起飞，卫星视野受挫，灾损感知手段多依赖人工巡查；然而，人工灾勘存在巡视时间长、人工投入大、安全风险高等问题，严重制约灾损勘察效率。因此，需要研究电网灾损智能感知技术，提升电网灾损勘察效能。

为什么说“指挥靠经验”？自然灾害往往造成大量线路、变电站、用户、台区等电网设备停运，需要尽快实现重要负荷、生命线系统等供电恢复；然而在灾害发生时，应急指挥往往依赖现场人员的经验判断，缺乏智能化、自动化的决策支持系统，难以实现最优应急处置规划。因此，急需研发综合多要素、多维度的应急指挥辅助决策技术，提升应急决策效能。

为什么说“装备功能弱”？面对复杂的自然灾害，现场处置人员能力素质参差不齐，应急通信存在短板，缺乏高效的应急装备和系统、智能化的交互技术支撑，难以及时应对灾害带来的挑战。因此，急需研发面向现场处置需求的先进技术装备，提升应急处置效能。

“空天地协调、人工智能助阵”撑起“保护伞”

为了有效应对这些挑战，2012 年起，我国科研团队在国家自然科学基金、国家电网公司科技项目支持下，开展了“城市电网链生灾害影响预测和智能应急关键技术及应用”项目研究，在城市电网链生灾害机理、影响预测、灾损感知以及智能化系统装备等领域，取得了重要突破，取得了集理论、技术和系统装备于一体的系列成果，破解了四大难题。

如果把应对自然灾害比作一场战役，做好预警，可以“料敌先动”，不打无准备之仗。面对纷繁复杂的气象数据，项目组运用大数据、人工智能等技术，提出了城市电网强风、强降雨灾害影响预测方法，揭示了城市电网系统生态的脆弱性特征及在强风降雨作用下电网设备损伤空气 / 水流体与受力累积机制，提出了

风 / 雨物理场作用下电网设备灾损预测方法，构建了基于改进粒子群算法的 BP 神经网络电网线路停运预测模型，为电网灾害应急处置中的灾前预警提供了可靠的预测信息，多省的应用表明，预测精度达到了 83.2%。

遇到灾难的突然袭击，如何让看不见的损失清晰可见？这就要出动天上的遥感卫星和空中的无人机“协同作战”。项目组突破了城市电网灾损快速感知关键技术，攻克了融合“宽深度”特征的城市电网灾损无人机灾损识别技术，识别精度达 92.4%；提出了基于双功能特征聚合网络与多分支结构变化检测网络的城市电网灾损卫星影像识别算法，识别精度高达 80.1%，为强风降雨灾损快速勘察提供了技术支撑。

在一场战役中，指挥系统无疑是“最强大脑”。在城市电网遇到灾害时，开发智能应急预案系统可以说是重中之重。

之所以称为“智能”，在于其整合了城市电网链生灾害最优化应急决策技术，揭示了停电场景下通信、道路、供水等生命线系统链生影响传导机理，构建了涵盖电网设施、重要用户、应急资源等要素城市电网链生灾害应急决策图模型，为电网灾后处置提供了决策支撑方法，与传统的方法相比，决策效率提升 2 倍。

由于现场情况复杂，现场指挥人员不一定具有丰富的经验，而且传统应急预案往往厚重冗长，不便于紧急情况下快速查阅。因此，项目致力于将预案内容精简并智能化，通过系统主动推送，确保相关人员能在第一时间获得关键信息。即使无法将所有应急处置细节都纳入预案系统，但在系统指导下，即使是非专业的指挥人员也能清晰了解基本流程。

为实现这一目标，项目组开发了集预测、感知与智能应急预案于一体的综合软件系统。当某地发生或即将发生灾害时，系统能够迅速分析预测结果，并将相关信息精准推送给相关部门和人员。例如，在台风预警中，系统会根据预测结果，提示变电站等关键设施提前设置防水挡板，以减少水患对电网的影响。传统应急预案往往厚重冗长，不便于紧急情况下快速查阅。

在现代战争中，谁占据了装备保障优势，谁就掌握了更多制胜先机。在看不见硝烟的应急“战场”上，针对“装备功能弱”的问题，项目组自主开发了系列化智能应急系统及装备，让电网技术人员“全副武装”。

比如，为了提升电网在灾害应急中的通信能力和信息交互效率，项目组自主研发了一款“大块头卫星手机”——应急天通卫星 LTE 多模智能终端。这款手机具备出色的抗震、抗尘、防水能力，能在极端环境下，如强风、强降雨、地震等自然灾害发生时稳定工作。它不仅能够与 4G 等常规通信网络相连，还具备卫星通信功能，确保应急指挥的顺利进行。此外，它具有内部保密能力强和应急通信能力强特点，还集成了许多功能。项目组还开发出应急演练支撑系统（灾前）、电网灾损预测与感知系统（灾中）、智慧应急预案系统（灾后），应急管理一张图系统（多行业）等，为电网灾害应急处置的全过程提供了智能化的辅助支撑装备与系统，形成全方位支撑城市电网灾害应对的系统装备体系。

着重实战演练，应急管理有奇效

与其他项目成果相比，“城市电网链生灾害影响预测和智能应急关键技术及应用”更多要落实在“应用”二字上。因此，在电网应急管理的持续探索中，项目组将全国各地积累的宝贵经验转化为实战演练的脚本，通过模拟真实灾害场景，向全国各地，特别是那些较少遭遇特定灾害的省份传授应对经验。系统旨在让这类地区在面对潜在风险时，能够从容不迫，有效应对。

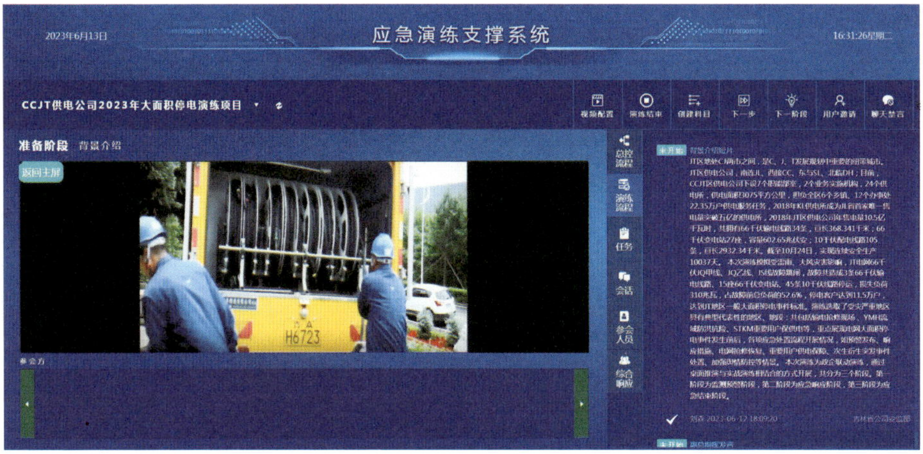

应急系统显示的现场画面

项目成果在 80 余家电网企业及 50 余个政府应急管理部门进行了推广。在 2023 年夏季北京特大暴雨灾害应对中，相关单位利用本项目成果，精准预测灾害影响，有效控制了停电范围。

近期，我国多地遭受台风灾害侵袭。项目组利用自主研发的应急指挥系统和智能装备，迅速响应并有效应对了这些灾害。例如，山东在遭遇罕见台风时的应对，凸显了提前进行应急演练的重要性。在浙江、福建等台风多发地区，项目组通过无人机巡检系统和智能感知技术，对电网设备进行了全面巡查和精准识别，及时发现并处理了多处隐患点。同时，通过智慧应急预案和应急指挥系统的支持，项目组实现了应急资源的优化配置和快速调度，有效缩短了抢修时间并降低了损失程度。

这一系列技术成果目前已经达到国际领先水平，共获授权发明专利 49 项，发布技术标准 12 项，出版专著 3 部，发表论文 47 篇（SCI 22 篇，其中一区 13 篇），培育北京市科技新星 2 名，为北京市增强城市韧性及建设全国科技创新中心提供了技术和人才支撑。

面向未来发展，城市电网还考虑引入学习型大模型等先进人工智能技术，以增强系统的智能性和适应性。这种大模型能够像 GPT 等自然语言处理工具一样，通过不断学习和优化，更准确地理解并应对各种复杂情况。它将帮助我们更好地预测灾害发展趋势，制定更加科学合理的应急预案，并在紧急情况下提供更加精准、及时的指导。

获奖情况

城市电网链生灾害影响预测和智能应急关键技术及应用

科学技术进步奖二等奖

让毒品无所遁形：新型探测技术守护社会安全

撰文 / 段大卫

针对重点场所人员安全监管的新需求，清华大学和同方威视技术股份有限公司共同攻克了微剂量 X 射线成像的多种技术难点，研制出微剂量人体成像智能探测装备。该装备实现了低辐射、高特异性、判图准确等关键性能，已广泛应用于口岸、边检、戒毒所、看守所、监狱等场所，有力保障了国家对各类毒品和违禁品的探测查验工作。

在这个世界的隐秘角落，毒品的幽灵悄然蔓延，它们不仅侵蚀着个体的健康，更是社会安全的隐形威胁。想象一下，在繁忙的口岸，边检人员正紧张地查验每一位旅客，警惕着那些看似普通的行李中可能隐藏的致命秘密。在戒毒所和监狱的高墙之内，工作人员不仅要对抗毒品的诱惑，还要应对人体藏毒者的痛苦挣扎，他们强忍呕吐感，将毒丸硬吞进胃肠，或塞进肛门，只为了将毒品偷运夹带。而在看守所内，一名嫌疑人被严密监视，无奈之下只能排出体内藏匿的毒丸，缉私警察顶着恶臭搜寻证据，最终从粪便中找出毒丸。这既是对嫌疑人生命的严峻考验，也是对法律尊严的坚决捍卫。

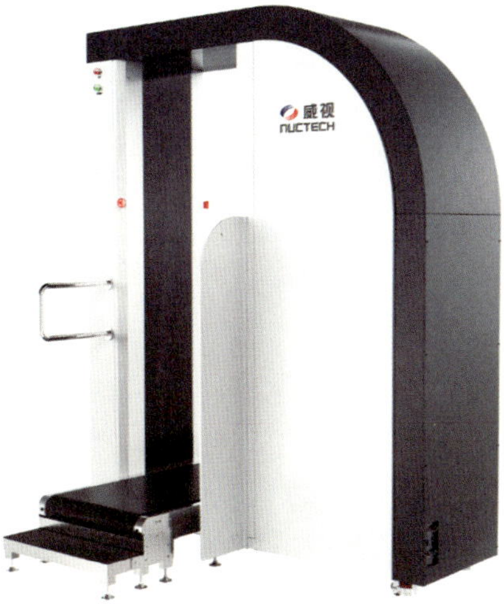

微剂量人体成像智能探测装备

在这样的背景下，更精准、更全面、更安全、更智能的专用探测技术变得至关重要。这些技术不仅能够提高检测的效率和准确性，还能够保护工作人员的安全，降低他们直接接触危险物品的风险。从 X 射线扫描仪到化学传感器，从生物识别技术到数据分析软件，每一种技术都在这场斗争中扮演着关键角色。

随着探测技术的不断进步，我们正在逐步揭开罪恶的伪装，保护着每一个角落的安全。

新型低剂量 X 射线安检技术问世

在国际人体成像技术领域，透视、背散射成像技术、太赫兹波成像技术等方法各具特色。其中，X 射线透视因其能有效检测体内藏毒而成为关键技术，但其电离辐射的特性要求我们必须严格控制剂量。全球主要国家都制定了严格的剂量标准：美国规定单次普检剂量不得高于 0.25 微西弗（μSv），而我国的标准则是低于 0.5 微西弗。

然而，现有的医用透射成像技术，如胸透项目，其单次检查吸收剂量为毫西弗（mSv）量级，无法直接应用于人体安全监管。为了满足大范围筛查的需求，美国、英国等已经研制出基于 X 射线透视成像技术的人体安检仪，这些设备在控制剂量的同时可以用于初步筛查，但它们无法同时满足低剂量和高图像质量的要求。

微剂量人体成像智能探测装备

面对当前的挑战，同方威视技术股份有限公司和清华大学组成联合科研团队，全力以赴，致力于研发更精准、更全面、更安全、更智能的专用探测技术，以满足国家和市场对先进探测技术的迫切需求。同方威视科研团队负责人吴万龙表示：“我们的项目团队以实际需求为出发点，借助清华大学和同方威视在安全检测领域积累的丰富科研经验，在成像技术、信息处理和系统构建这三个核心领域进行了深入的研究和探索。”

针对现有技术难题，项目团队成功开发了一种新方法，实现了大量程低信噪比信号处理，打通了设备研制的创新链，构建了面向重点场所安全监管的新型探测技术。具备这一技术的装备产品得到了学术界、产业界和市场的广泛认可。

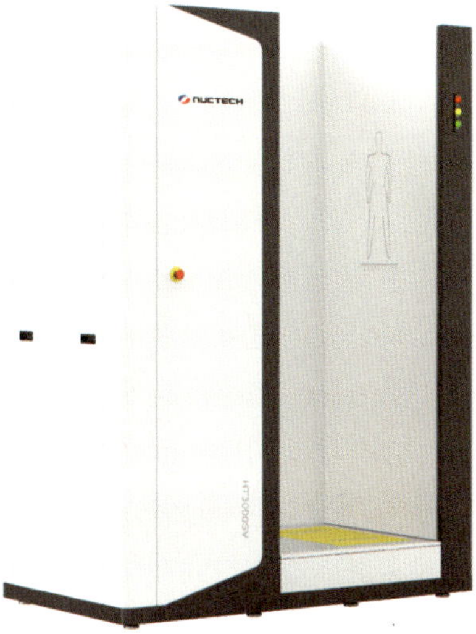

微剂量人体成像智能探测装备

项目团队攻克多项成像技术难关

面向重点场所安全监管的新型探测技术在 X 射线成像技术领域取得了显著突破。该技术采用了一种创新的多元能谱准值微剂量成像方法，实现了思想与方法的双重革新。

首先，项目团队建立了一个 X 射线穿透过程的能量模型，该模型基于朗伯比尔定律，将连续能谱 X 射线穿透人体的复杂过程简化为多个不同能量 X 射线分别穿透的过程。这一创新思路将降低单次检查剂量的难题转化为如何降低特定能量段 X 射线强度的问题，从而打破了传统技术仅通过降低 X 射线管电流来减少剂量的局限。

在此多能量 X 射线穿透模型的基础上，项目团队进一步研发出了笼式滤波新技术。这项技术通过灵活调整滤波片的材料结构，实现了对射线能谱的快速调制与优化。同时，他们还提出了多自由度准直的实现方法，通过精确控制 X 射线的传输路径并优化其空间分布，进一步降低了单次检查的剂量。

实际测试结果令人鼓舞：使用这种新成像方法，系统噪声减少了 85%，原始图像数据的信噪比提升至 30 分贝以上。在单次检查剂量仅为 0.2 微西弗的情况下，就能够获取高质量的 X 线人体图像，体空间分辨率可达 4 毫米。相比之下，国外厂商的技术在 0.25 微西弗的剂量下仅能实现 5 毫米的体空间分辨率。

与此同时，项目团队在“大量程低信噪比信号处理方法”上也有所突破。这种方法在图像处理过程中，能够精确保留图像细节的同时有效抑制噪声，这对于准确判读图像至关重要。

通过项目团队的努力，处理前后的图像对比显示，新处理方法在有效降低噪声的同时，最大限度地保留了图像细节。峰值信噪比（PSNR）提升了 1.47 倍，图像噪声进一步降低了 28.8%。处理后的图像中，即使是低对比度区域的细节也变得非常清晰，这使得非专业人员也能有效地进行判读。这一点对于嫌疑物品的自动识别尤为重要，它不仅提高了识别的准确性，也为自动化监控系统的发展提供了可能。

项目团队的这一创新成果，不仅在学术界获得了认可，也在产业界和市场上引起了广泛关注。他们的研究成果，为人体成像技术的发展提供了新的方向，尤其是在低剂量 X 射线成像领域，这一技术的应用前景广阔，有望为国家和市场提供更精准、更全面、更安全、更智能的专用探测技术。

此外，项目团队将多元能谱准直微剂量成像、大量程低信噪比信号处理、人体藏匿物品智能识别技术相结合，研制出微剂量人体成像智能探测装备。“在原创理论方法的基础上，我们针对国外成像系统的专利布局，在系统层面和核心模块形成了一系列自主知识产权。这使得我们能够将多元能谱准直微剂量成像方法、大量程低信噪比信号处理方法，以及人体藏匿物品智能识别技术相结合，突破了产品化和工程化方面的制约。”吴万龙说。项目团队成功研制了国产人员安全监管用微剂量智能探测装备，并实现了嫌疑物自动识别。在误报率为零的情况下，自动识别率高达 98%，相比国外同类技术显示出明显优势。

低剂量高清晰度成像技术国际领先

这项技术的成功开发，标志着我国在 X 射线扫描成像人体检查领域达到了国际领先水平。据了解，该技术以其低单次检测剂量、高图像清晰度和超越国际标准的性能著称。

面向重点场所安全监管的新型探测技术在知识产权方面取得了显著成果，共申请了 15 项发明专利，其中 6 项已获得中国发明专利授权，另有 22 项获得了包括美国、加拿大、日本、欧洲在内的国外发明专利授权。

同时，该技术在国内公安、禁毒、海关、缉私、边检查违等领域有效抑制了偷运夹带现象，并促进了周边国家的社会安定和谐。

根据项目团队提供的资料，项目产品在扫描速度、单次吸收剂量和分辨率方面均优于市场上的其他同类产品。自投入使用以来，该产品不仅查获了大量违规案例，还在澳大利亚成功帮助诊断出一个入狱犯人的早期癌症，因此被当地媒体誉为拯救生命的技术。

该项目成果已在北京落地转化，在密云建立了专业化生产车间，推动了北京市高精尖产业的发展。项目基于科技创新，研制出世界领先的技术产品，产生了明显的经济效益和社会效益，为首都科技创新和高质量发展作出了重要贡献。

吴万龙表示：“我们的工作和所取得的成就已经获得了国内外的广泛认可，这不仅是对项目团队的肯定，也是对中国科技创新能力的肯定。展望未来，我们将继续投身于技术创新，推动产业升级，为维护国家安全和社会稳定贡献更多力量。同时，我们也将不断拓展国际合作，将我们的技术和产品带给更多有需要的国家和地区，为全球安全事业贡献中国智慧和中国方案。”

获奖情况

重点场所人员安全监管微剂量智能探测技术及应用

科学技术进步奖二等奖

国民营养改善找到新方向

撰文 / 罗中云

立足国家战略高度，中国疾病预防控制中心营养与健康所等单位深入剖析营养问题及其演变，精准锁定重点人群与干预目标，创新营养防治策略。研究成果为《“健康中国 2030”规划纲要》《健康中国行动（2019—2030 年）》等政策的制定提供了重要科学依据，有力推动了人才培养、食品产业升级及慢性病防控。

国民营养状况的好坏，不仅体现着一个国家经济社会发展水平和文明程度，也关系着国民的体质与健康，影响着国家的发展潜力与未来。在我国，由于种种条件限制，很长时期国民整体的营养状况都较差。中华人民共和国成立 70 多年来，随着社会经济的快速发展，我国居民的营养保障与供给能力明显增强，居民的健康水平、营养状况也大为改善。

近年来，我国居民一些新的营养问题又开始显现，比如：膳食不平衡，高油高盐饮食普遍存在，青少年含糖饮料消费逐年上升，全谷物、深色蔬菜、水果、奶类、鱼虾类和大豆类食物摄入普遍不足。另外，居民身体活动总量下降，能量摄入和消耗控制失衡，超重肥胖成为普遍的公共卫生问题。

2017 年 4 月，中国疾病预防控制中心营养与健康所丁钢强所长一行在贵州访谈儿童家长

与此同时，我国当前城乡发展不平衡，农村居民奶类、水果、水产品等食物的摄入量明显低于城市居民，油盐摄入、食物多样化等营

养科普教育急需下沉基层；婴幼儿、孕妇、老年人等重点人群的营养问题突出，某些营养素严重缺乏。

针对这些问题，我国科研人员开展了大量研究工作，参与实施了一系列营养改善计划。其中，中国疾病预防控制中心营养与健康所、首都儿科研究所的科研人员联合开展的“国民营养改善重大干预技术与应用”项目，旨在创新营养干预技术，制定营养食品国家标准，提供国民营养健康监测改善方案，支持“健康中国”政策制定，促进我国的食品产业营养健康转型。该项目实施至今，取得了丰硕的成果，同时获得了 2023 年度北京市科技进步奖二等奖。

从营养包起步，跨度 20 余年的研究

中国疾病预防控制中心营养与健康所食品科学技术研究室主任、研究员黄建表示，“国民营养改善重大干预技术与应用”属于集成性的项目，涉及“早期儿童营养补充关键技术研究”“儿童、老年个性化营养设计和营养健康食品创制及产业化”“应用铁强化酱油预防控制中国铁缺乏和缺铁性贫血”等系列研究课题。

“项目组潜心研究 20 余年，从国家战略高度梳理出了主要营养问题及其演变规律，精准定位营养问题的重点人群和干预对象，创新防治问题的对策。”他说。

作为此项目的源头，早在 21 世纪初，中国预防医学科学院原院长、著名营养学家陈春明教授就带领团队，针对我国偏远地区的贫困家庭 6 ～ 24 月龄的婴幼儿开展辅食营养强化研究，主要做法就是研发一种辅食营养包，原料以豆粉为主，但在其中加入了钙、铁、锌以及维生素 A、D、B_1、B_2 等营养元素，然后找来 1500 个孩子开展营养包干预效果研究。

通过试验，研究人员发现，无论是贫血率还是生长迟缓率，那些吃辅食营养包的孩子都比吃当地普通辅食的孩子低很多，而在发育商、智商水平等方面则要更高。

但这种辅食营养包的营养素密度较高，中国已有食品标准涵盖不了，难以形成市场化的产品进行推广。这种情况下，项目组继续开展工作，以探索更合理、更精确的标准。

2008 年到 2012 年，他们又在已有辅食营养包研究成果的基础上，实施了

工作人员在云南仁甸河村进行营养包效果监测问卷调查

汶川地震、舟曲泥石流、玉树地震等灾区儿童的营养改善项目，探索出了通过县、乡、村三级卫生网络来发放营养包的模式。据了解，仅在汶川地震灾区，该项目的实施就使得3万余名6~24月龄的婴幼儿受益，贫血率从52.8%降到了24.8%。

黄建表示，别看这只是一个简单的辅食营养包，其实包含了很多的技术创新，比如它的干湿法混合工艺，通过高温湿法混合豆乳与矿物元素，实现了乳蛋白与钙、铁、锌离子的稳态交联，辅以多位点充氮气置换营养包中空气，消除了长期难以解决的脂质氧化酸败问题。另外，通过采用气旋法常温干混特定制剂的维生素，实现了各营养素的均匀混合。

“我们这个课题还确定了豆粉及包材的质量规格、营养素种类及添加量，解决了辅食营养包口感风味、沉淀、豆粉质量及检验等一系列技术问题。”黄建说。

经过国家卫健委组织多次专家评估，贫困地区儿童营养改善项目于2019年正式纳入国家基本公共卫生服务。据了解，到2021年，辅食营养包发放的范围已覆盖全国22省991县，累计让1365万婴幼儿受益，使得这些地区婴幼儿生长迟缓率和贫血率的下降比率分别达到了79.2%和50.5%。

目前，已有上百家企业获得辅食营养补充品的食品生产许可证。项目组通过相关营养干预产品，在山西、陕西4个县采用营养包、婴幼儿配方奶粉、孕妇专用奶粉、中老年奶粉等形式，对当地贫困地区的婴幼儿、孕妇、老年人等重点人群开展营养干预行动，探索出了“营养扶贫”的新模式。

随着此项目的不断深入，项目组也总结出了一系列技术标准，经申报成为国家标准。2008年12月，项目组研制的营养包推荐性标准《辅食营养补充品通用标准》（GB/T 22570—2008）由卫生部（现国家卫健委）和中国国家标准化管理委员会正式颁布。

该标准在国际上第一个将辅食营养素补充食品（营养包、脂质涂抹料）、辅食营养素撒剂、辅食营养素片归入辅食营养补充品中，并提出了规范性定义、基本原则、必须添加和可选择添加营养素及其含量、有害物质限量等技术要求。2014 年，此标准进行了修订，即《食品安全国家标准　辅食营养补充品》（GB 22570—2014），成为国家强制性标准。2015 年，项目组研究形成的《食品安全国家标准　孕妇及乳母营养补充食品》（GB 31601—2015）颁布，使得孕妇及母乳营养补充食品有了更权威的依据和保障。

黄建认为，这两项国家标准的颁布和实施，为生命早期 1000 天的营养保障健康状况提供了标准和保障，快速推动了辅食营养包在我国的生产和应用，特别是作为有效的公共卫生干预措施，在极重灾区和贫困地区的婴幼儿营养保障中发挥了重要作用。

在这两项标准的基础上，2020 年，项目组又研究形成了《婴幼儿辅食添加营养指南》（WS/T 678—2020）、《紧急情况下的营养保障指南》（WS/T 425—2013）。标准的发布极大地推动了我国营养标准体系的建设。

实施铁强化酱油项目，降低国民贫血发生率

在推进营养包课题研究的同时，项目组也在持续推进铁强化酱油的研究。简单说，就是在人们日常食用的调味品酱油中添加铁元素，达到减少人群铁缺乏率和贫血发生率的目的。这个项目从 2002 年开始启动，项目组的主要工作就是开展质量控制方面的技术研发、含量测定，推动酱油行业建立 HACCP 体系。实践证明，通过铁强化酱油的推广，一定程度上降低了我国居民的贫血发生率。

黄建表示，酱油是人们每天都要吃的传统调味品，以酱油为载体，通过在酱油中添加铁元素的方式，可以有效改善人体铁缺乏及缺铁性贫血的状况。据了解，此项目实施后，铁强化酱油成为稳定的酱油品类，列入调味品标准术语，我国酱油行业中的主要企业都开展了铁强化酱油的生产和经营。比如在 2012—2014 年开展的公益性行业科研专项中，铁酱油覆盖了我国 29 省 258 所寄宿制学校 12 万名学生，干预一年后，男女生贫血率均有显著下降。到现在，铁强化酱油累计覆盖人群约为 3.9 亿，包括农村儿童等受益人群达 7000 万。

除此之外，项目组还结合研究应用的实际情况，制（修）订了铁强化酱油相关的食品安全国家标准，包括营养强化剂乙二胺四乙酸铁钠、铁强化酱油中乙二胺四乙酸铁钠的测定等，同时参与了《食品安全国家标准　食品营养强化剂使用标准》（GB 14880—2012）的制定工作。

研究中国人当前膳食模式演变及风险，提出东方健康膳食模式

“国民营养改善重大干预技术与应用”项目包含有很多课题，比如针对超重肥胖和增龄性肌少症等主要健康问题，开展了人源肠道菌群动物模型的建立及应用的研究，并使用一对胖瘦母女的肠道菌群构建了人源肠道菌群肥胖小鼠模型，同时还进行了快速致衰的肌少症细胞模型和动物模型的建立及应用研究，项目组构建的这些模型用于活性物质的筛选。

更为重要的是，项目组还根据中国人饮食特点，提出并验证了适合中国人特点的、具有最佳健康效应的平衡膳食模式——东方健康膳食模式，即食物多样、植物性食物为主、动物性食物为辅、少油少盐少糖等。该模式不仅是《中国居民膳食指南》推荐的平衡膳食的基础，也是《中国居民膳食指南（2022）》制（修）订的科学依据。

此外，项目组也通过研究，首次系统评估了中国成人膳食因素对慢性病风险的归因贡献，并提出：高钠、低水果、低水产品或低 Ω-3 脂肪酸摄入是心血管疾病死亡归因的前三位因素。相关的研究成果已发表于国际知名医学杂志《柳叶刀》。

该项研究显示，中国成年人膳食模式变化显著，呈现出向西方膳食模式发展的趋势。以 BMI 为例，中国成年人 BMI 与肥胖患病率显著上升，但平均 BMI 增长有所放缓。其中，成人 BMI 水平从 2004 年的 22.7 千克 / 平方米上升到了 2018 年的 24.4 千克 / 平方米，肥胖患病率从 3.1% 上升到 8.1%，有 8500 万成年人肥胖。相关研究也表明，需要采取更有针对性的措施来防止中国普通人群肥胖率的进一步增加。

项目组也首次评估了我国成人糖尿病患者相关指标的达标率。该项评估发现，我国成人糖尿病患者糖化血红蛋白（HbA1c）、血压（BP）和低密度脂蛋白胆固醇（LDL-C）达标率分别为 64.1%、22.2% 和 23.9%（简称“ABC”目标），

其全部达标的比例仅占 4.4%。生活方式目标的达标率分别为吸烟 75.8% 、饮酒 66.7%、休闲活动 17.9%、睡眠时间 52.0%，全部达标的比例仅有 5.1%。此研究也表明，我国需要立即采取国家卫生行动进行干预，改善糖尿病护理状况。

黄建说，除了营养学方面的课题，他们也结合多种力量，率先开发了信息化、数字化、标准化集成的膳食营养监测平台。这个平台主要包括了 2010—2013 年、2015—2018 年在 31 个省（自治区、直辖市）40 余万人中开展的两次全国代表性营养监测数据信息，以及和 2009 年、2011 年、2015 年和 2018 年在河南、江苏等 15 个省（自治区、直辖市）开展的中国健康与营养调查。平台采用计算机辅助调查的方式，不仅缩短了数据采集周期，提高了数据质量，而且基于标准化的分析方法可即时给出膳食营养评价和指导。

结合人工智能等新技术，持续推进国民营养改善与干预技术研究

“国民营养改善重大干预技术与应用”从最早的营养包算起，已历时 20 余年。黄建表示，他们还将在已有成果的基础上继续开展工作，着重在四个方面推进研究。

第一，研发膳食数据精准采集及营养评估技术，研制我国不同型别、地域特色的标准化食物影像与成分库，探讨基于 AI、深度学习模型等技术的膳食采集新方法，搭建精准采集系统。

第二，研究差异化地域膳食模式对健康与疾病的影响，并融合近 30 年的营养健康大数据，探讨不同地域膳食模式特征及其变化轨迹，研制我国地域特征性膳食模式对疾病风险的预测技术，研究提出具有中国地域特点的膳食营养指南或建议。

第三，针对重点人群主要营养健康问题的干预技术包研发。一是生命早期营养干预技术包，包括辅食质地的量化评价技术、婴幼儿新营养包（YYB）在贫血高发地区干预应用；二是成年期超重肥胖干预技术包，包括研制有饱腹感、低能量的专用食品，评价成年期低能量膳食模式及专用食品干预效果；三是老年期肌少症干预技术包，包括探讨老年人肌少症的营养干预技术及机制，研究促消化蛋白酶活性包埋法、促吸收多酚 - 蛋白运载体系。

第四，针对典型慢病人群的营养干预技术研发，包括精准营养技术的研发、膳食营养成分中靶标物质的挖掘、递送技术的应用、精准营养健康评估技术的研究、精准专用营养健康食品的研发等。

黄建认为，营养不良仍是当前要急迫解决的问题，包括营养不足、营养过剩和微量营养素缺乏等多个方面。我国重点人群以及部分地区仍存在较为严重的营养不良问题，比如部分偏远地区及少数民族地区，出于饮食习惯、物产等多种原因，当地孕妇、乳母以及婴幼儿饮食来源相对单一，营养健康状况有待改善。

“我们还要适时开展大众食物强化项目，着力解决我国居民普遍存在的维生素 D 族、B 族及钙等微量营养素缺乏问题。”他说。

获奖情况

国民营养改善重大干预技术与应用

科学技术进步奖二等奖

实现城市地下管线的智能化监测与管护

撰文 / 罗中云

针对地下管线信息不全、位置不准，管线泄漏、路面塌陷等事故频发，严重影响城市安全运行秩序和人民生命财产安全的问题，北京市测绘设计研究院等单位形成了一整套城市地下管线全生命周期智能化管理解决方案。成果在北京城市总体规划实施、地下空间普查、重大活动安全保障和城市的安全运行方面发挥了重大作用，在全国 50 多个城市地下管线普查、隐患排查、健康监测中得到广泛应用。

地下管线是城市的生命线和重要的基础设施，是城市安全、韧性城市建设和城市精细化治理的重要组成部分。这些管线涉及电力、通信、燃气、供暖、自来水、污水排放、工业管线等，在城市地下构成了密密麻麻的网络。

相比地上架设管线，地下管线最大的一个优势就是安全，不容易受到天气或其他意外事件的影响，即便出现故障或事故，对地面人群的影响也要小得多；而且，地下埋设管线不占地上空间，更方便进行城市管理及城市美化。

但是由于铺设的地下管线种类繁多，铺设时间段不一致，再加上各管线权属分散，往往容易出现管线信息不全、位置不准，隐患不明、事故频发等问题，严重影响城市安全运行秩序和人民生命财产安全。这种情况下，亟须通过精确的排查，推进地下管线监测管理的信息化与智能化。

针对这种情况，北京市测绘设计研究院、上海誉帆环境科技股份有限公司、北京市勘察设计研究院有限公司、南京师范大学等单位联合开展了“特大城市地下管线智能探查与健康监测关键技术及应用”的项目研究，创新研发了地下管线全生命周期智能化管理技术，包括无接触调查、智能识别与修复装备，以及多源数据融合的三维智能分析框架，形成了一整套城市地下管线全生命周期智能化管理解决方案，广泛应用于全国 50 多个城市，显著提升了城市安全运行水平。相关成果被评定为 2023 年度科学技术进步奖二等奖。

提升城市地下管线智能化管理水平

项目课题的主要完成人之一顾娟表示，城市地下管线的排查很早就有，以她所在的北京市测绘设计研究院为例，从 20 世纪 50 年代起就开始进行北京市的地下管线排查，但各类管线总在不停地增加或更新改造，一些老旧管线容易出现破损，所以这类排查非常必要。

2014 年，根据住建部要求，北京开展了新一轮的地下管线普查工作，虽然只是集中于市政道路下的管线，但量也是非常大的，如果再加上居民小区内的管线，估计超过 20 万千米。

地下管线排查不仅工作量大，难度也高。有的井比较深，空间狭窄，人下去可能挪不开身，工作效率很低；有的井下可能因为时间过久，存在甲烷等气体，或者二氧化碳浓度过高，人下去容易发生事故；有些管线埋得很深，出现隐患排查起来很困难。对于这些问题，传统管线排查技术手段的局限性越来越突出。

“特大城市地下管线智能探查与健康监测关键技术及应用”项目启动后，项目组针对底数不清、事故频发、井下调查风险高，隐患排查、精准修复难，数据标准不统一、集成难度大、管线管理智能化水平低等问题，运用测绘地理信息、空间大数据、人工智能等新技术，制定了“理论研究—标准研制—技术创新—装备研制—平台研发—产品应用”的研发思路，从地下管线调查探测、病害识别与修复、数据智能处理、三维建模及智慧平台建设等方面开展了持续深入、系统的研究，编制了从采集到建库再到应用的系列标准，研发了相应的软硬件，系统提升了城市地下管线智能

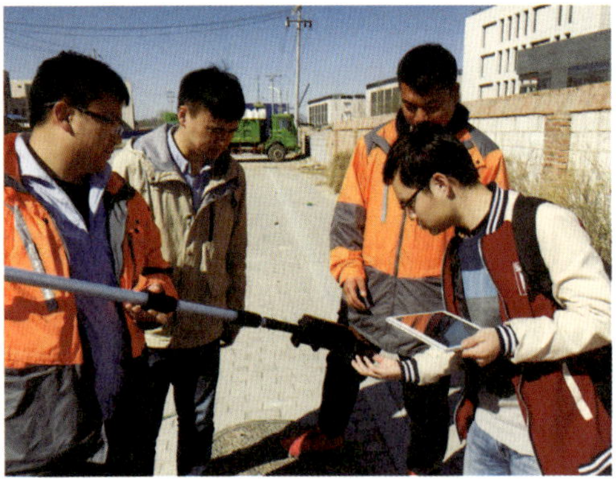

利用地下管线摄影测量系统调查管线检查井，快速获取管线信息，消除了调查人员下井作业的安全隐患

使用探地雷达探测地下管线，实现不开挖即可查清管线分布情况

化管理水平，有力地支撑了城市安全运行。

改变传统地下管线调查作业模式

该项目的第一个创新成果是研发了无接触式管线智能全息调查探测技术，集成了单片摄影测量、车载探地雷达、管道视频检测和移动 GIS 等技术，自主研发了调查探测的系列装备和软件。

这些创新装备或软件改变了传统地下管线调查作业模式，实现了无接触智能调查，避免了下井调查的人员伤亡事故。同时，这些技术装备的创新，还支持燃气、电力、水等 9 大类，铜、球墨铸铁等 20 余种材质，直埋、管沟等 9 种埋设方式地下管线的精准探测，大幅提升了地下管线数据的准确性。另外，由于采用了内外作业协同采集入库，大幅提高了地下管线调查探测的作业效率。

新研发的技术装备中，车载探地雷达是一套基于 5 通道探地雷达的地下病害综合数据采集系统，其关键技术在于对道路下方的地下病害进行雷达数据检测的同时，也采集周边环境信息、GPS 定位信息以及雷达测线长度信息，实现了雷达

利用管道 CCTV 对排水管线进行病害检测

检测数据与地理信息数据、环境视频数据的融合，极大地提高了雷达数据综合分析的能力和效率。车载雷达从地面上一过，雷达所在的地下病害信息“尽收眼底”。每当有重大活动，都需要对活动所经之处进行“扫描”，车载雷达正好能派上用场。

项目组还研发出一种可下井的类似机器人的两栖管道车，上面安装有摄像头，下井后能将地下管线的实时图像传到地面工作人员的监控设备上。如果发现管线内有淤泥，它能进行一定程度的清理。在获取数据信息基础上，项目组提出了基于管线全息数据的管道隐患点反演算法，研发了一系列非开挖病害精准修复方法和装置，实现了对千米以上管道的隐患无接触、一体化智能排查、精准定位和诊断、自动修复与信息管理。

制定全国首个地下管线病害分类行业标准

该项目的第二个创新成果是构建了典型病害数字图谱和样本库，研发了复杂地下管线及周边病害智能识别，以及“非开挖”病害精准修复技术和装备，形成了复杂地下管线及周边病害的分类和风险等级行业标准，实现了地下管线病害识别、健康监测、风险评估、预警处理的全过程管理。

基于上述创新成果的管线病害信息管理系统主要针对管线、地下病害的数据信息、相关项目进行管理。它能以项目为最小单元，实现单个项目的纵向管理；也可以病害为综合单元，实现地下病害信息的横向管理；还能以地图为空间信息交互载体，实现各类数据信息的空间操作；以列表、图表等形式为查询、统计分析载体，按照属性实现各项操作。

项目组制定了全国首个病害分类行业标准，发明了超长距离的管道电视检测仪，使得地下管线隐患的排查距离从常规的 150 米提升到了 1500 米。

此外，项目组还发明了一系列针对地下管线在不开挖路面的情况下进行精准修复的方法和装备，研发了地下管线健康监测系统，实现了地下管线的全过程管控。

三维自动建模，让城市地下管线“一目了然”

该项目的第三个创新成果是突破了地下管线智能处理及精准三维自动建模技术，主要包括基于语义网的地下管线规则知识库、多平台要素编码转换模型和自动匹配技术、三维精准自适应建模、基于统一数据表达和交换模型的三维场景数据组织方法，实现了多源异构地下管线数据的智能处理和地上、地下一体的三维管理及可视化。

其中所称的“精准建模”，指的是在管线附属物的建模中，对管线设施的几何特征和关联特征进行精准化建模，如井盖、井脖、井底、小室、管沟、管廊和管块等要求按实际尺寸建模。

“我们为什么要做这种管线的三维模型呢？因为各个管线权属单位不一样，铺设时间以及在地下所处的空间位置不尽相同，用平面形式很难呈现其真实情况，将其管线全部三维化，更容易看得清楚。”顾娟说道。

项目组研发的智能处理技术，还实现了多来源地下管线数据质检全自动化，数据局部动态更新效率提升了 1 ～ 2 倍，全库查询效率提升了 10 倍以上。而提出的自动建模方法，效率则提升了 20% 以上，大大提升了地下管线三维模型的精细化程度。

该项目的第四个创新成果是设计了融合多源时空数据的管线三维智能分析框架，构建了集空间、时间和语义的时空数据决策分析模型库，研发了多层级城市地下管线全生命周期三维信息平台，为城市安全运行和城市治理提供了智能化管线应用与服务。

具体来说，项目组研发了 80 余个地下管线三维智能分析模型，融合了多来源的数据，为政府、行业主管部门及专业管线公司提供了地下管线的共享应用平台，同时也实现了智能规划、审批、监测与预警的省、市、县管线全生命周期管理服务。

推动我国地下管线管理智能化发展

目前，这一系列技术与装备的创新成果已在全国多地投入使用。比如车载雷达检测系统、管线病害信息管理系统等已经成功应用于北京市的管线周边土体病害探测、管道空洞雷达检测、管线调查，以及南京、兰州、西宁等城市的地下病害探测，总测线里程超过了 5000 千米。

尤其是在北京市，通过新技术手段获取的管线数据直接应用到了市政管线及工程建设项目规划、审批、施工及竣工验收的闭环管理中，还服务于应急抢险、应急决策等各个方面。相关创新成果也为管线的权属单位提供了数据及管线探测、健康监测服务，大幅提高了他们对于管线的日常管理与维护水平。

在一些重大工程，如大兴国际机场、冬奥会场馆、城市副中心等的建设过程中，这些新发明、新技术为 100 多家工程建设单位提供了地下管线的数据分发与技术支撑，有效减少了因施工引起的地下管线重大事故的发生。

顾娟表示，这个项目在地下管线调查探测、病害智能识别与修复、管线智能处理及三维自动建模、智慧平台等方面进行的系列技术创新，可以说达到了国际先进水平，部分技术与装备甚至领先于国际同行，有力推动了我国地下管线管理和服务向三维和智能化方向的发展。

获奖情况

特大城市地下管线智能探查与健康监测关键技术及应用

科学技术进步奖二等奖

从实验室到田间：黄瓜高通量分子育种技术结“硕果”

撰文 / 段大卫

黄瓜虽然是家常菜，却存在诸多品种问题。为解决这些问题，北京市农林科学院等单位开展科研攻关。他们建立了黄瓜高通量分子育种平台，研发出液相芯片，并突破单倍体诱导的基因型限制，创立育种新方法，由此育成并推广了外观光亮、多抗广适的“京研”系列新品种。

在古老的农耕文明中，种子是生命的起点，是丰收的希望。那些精心挑选、培育种子的人，被尊称为“育种家”。而在现代农业舞台上，育种家不再只是用双手和汗水耕耘，他们开始运用科技的力量，让种子变得更加强大。

未来农业，科技化和智能化是其发展的必然趋势，育种技术正成为并将持续成为农业产业转型升级的重要支撑。为此，研发一套高效、精准的育种技术，构建开放创新的农业生态，对于保障国家粮食安全，加快农业产业升级，具有重要意义。

一群科研人员正在用他们的智慧和汗水，为黄瓜育种领域带来新希望。他们不仅在田间培育出新品种，更在实验室里为 14 亿人的“吃菜自由”提供了坚实的技术支持。让我们跟随北京市农林科学院蔬菜所所长温常龙和他的团队，一起探索黄瓜育种的奥秘，见证科技如何让种子焕发新生。

黄瓜育种迈向高通量分子技术

黄瓜是我国重要的蔬菜之一，人均年需求量超过 52 千克。随着人们饮食结构的不断优化和对健康生活品质的日益追求，黄瓜作为鲜食水果的趋势越来越明显。但是，传统种植的黄瓜品种存在光泽度不足、商品性差、抗病性和抗逆性弱等问题，这些问题严重限制了黄瓜产业的健康发展。尽管黄瓜育种工作在 20 世纪就已经起步，但受限于当时的技术水平，育成的品种往往抗病性差、商品性不足，导致农民面临减产甚至绝收的风险。每当病害暴发时，农民们只能无助地看着自己辛勤耕作的成果化为乌有。

面对这一挑战，温常龙带领团队，将目光投向了黄瓜高通量分子育种技术。温常龙说：“传统的育种方法虽然在过去取得了一定的成就，但面对人口增长和耕地面积减少的挑战，对高产、优质、高抗性的蔬菜品种的需求变得更加迫切。”

“我们要做老百姓能吃得起的高品质、高产量的蔬菜。”通过不断的研究，温常龙团队惊喜地发现某些基因在提高蔬菜产量的同时还能增强其抗病性，这些基因成为他们研究的重点。要让蔬菜变得越来越“完美”，就需要解析蔬菜植物的遗传密码，从而培育出理想的优良品种。

高通量分子育种技术是一种利用现代生物技术手段，通过对大量样本进行快速、高效的基因型分析，从而加速育种进程的技术。与传统育种方法相比，高通量分子育种具有更高的效率和精度，能够在较短时间内筛选出具有目标性状的优良品种。温常龙团队首先通过基因测序技术解析蔬菜植物的遗传密码，找出控制产量、品质、抗病性等重要性状的基因或 DNA 片段。然后，通过杂交育种手段将这些优异基因进行聚合，最终培育出理想的优良品种，并制定了“一优（内在和外观品质）、二强（强雌丰产性和强抗病性）、三专用（温室、大棚、露地专用种植品种）”的育种目标，旨在培育出适合我国多样化气候条件的优质黄瓜新品种。

黄瓜种子界迎来“优良品种大爆发”

温常龙团队在黄瓜育种领域取得了显著的成就，他们通过不断的试错和改进，成功自主研发了多项高效实用的高通量分子育种体系，并建成了适合我国的现代化高通量分子育种平台。平台建立后，温常龙团队如同拥有了一双“慧眼”，成功挖掘出 13 个具有优异特性的基因。这些基因赋予了黄瓜新的生命，让它们不仅外观光亮，还具有抗病和耐低温弱光的能力。正是通过这些发现，为黄瓜育种的未来提供了新的可能。

“建成育种平台后，现在在我们实验室，一个半小时就可以完成一万多份样

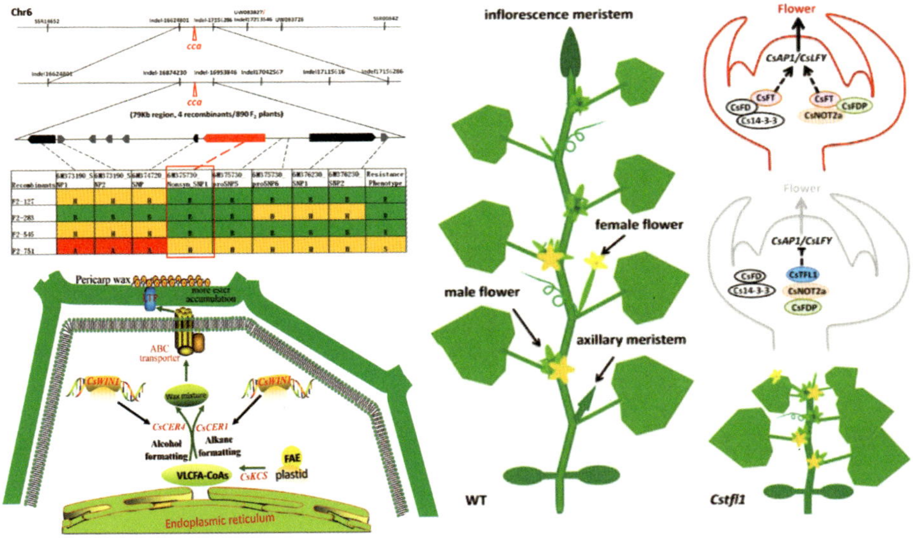

黄瓜外观光亮、抗靶斑病和耐低温弱光等优异基因挖掘

本育种检测任务，一天可以获得超过 10 万份育种数据点。”温常龙介绍，“有许多成果打破了国外技术壁垒，这使得我国的分子育种成本下降了 80% ～ 90%，节约人力和时间 80% ～ 95%，育种效率提高了几百倍，实现了我国在该技术领域‘零’的突破。”几年来该平台为国内外机构服务，提取 DNA150 万份，获取高通量数据点超过 2000 万个，服务国内育种团队 200 多个。

此外，温常龙团队还研发出了国内首张黄瓜高通量育种液相芯片，这一创新使得分子育种效率提高了 20 倍，成本降低了 80%。这一成果的取得，无疑为黄瓜育种技术的发展注入了强大的动力。通过规模化鉴定 1861 份种质资源，团队筛选出了 29 份在外观光亮、抗靶斑病、枯萎病以及耐低温弱光等方面表现优异的资源，这些资源的筛选为新品种的选育提供了丰富的材料。

在育种过程中，温常龙团队还突破了黄瓜大孢子培养中单倍体诱导的基因型限制，建立了精准清除连锁累赘和高效聚合多个优异基因的育种新方法。这一方法将育种周期缩短了 2/3，创制了聚合多个优质、抗病、耐低温弱光等基因的华南型、水果型和华北型骨干育种材料 21 份，为新品种选育提供了优异亲本，实现了紧缺种源的突破。

通过育种技术的加持，让黄瓜种子界迎来了“优良品种大爆发”，各种好瓜种子纷纷登场。

温常龙自豪地介绍：“我们的‘京研’系列新品种，不仅外观光亮，而且具有多抗广适的特性，满足了不同种植环境的需求。”其中，“绿玲珑 6 号”作为首创的油亮华南型品种，聚合了外观光亮、强雌、抗靶斑病、耐低温弱光等基因，成为我国第一大油亮华南型品种，占据了主产区同类型品种市场份额的 70%。此外，“翠玉迷你 2 号”“绿精灵 5 号”和“玉甜 156”等口感精品水果黄瓜品种，聚合了全雌、抗多种病害、耐低温弱光等基因，占据了主产区同类型品种的 40%，引领了我国水果黄瓜品种的更新换代。同时，选育的优质多抗华北型品种“京研夏美”“京研 118”和“京研 107”，耐低温弱光，成为我国华北和西南主产区的主流品种，引领了国内黄瓜品种的更新迭代。

科研成果应用到田间地头

在科技创新和种业发展领域，温常龙团队的成就令人瞩目。他们不仅获得了国家授权的发明专利 10 项、新品种保护权 2 项、品种登记证书 12 个、软件著作权 2 项，还发表了 52 篇论文，这些成果不仅体现了他们在科研领域的深厚实力，也展示了其在知识产权保护方面的重视。特别是新品种的推广面积达到 380 万亩，近 3 年成果转化直接经济效益高达 3367.4 万元，市场占有率在同行业中名列前茅，有效推动了我国黄瓜种业产业的转型升级。

育成并推广满足产业需求的“京研”系列黄瓜新品种

北京，一座与“种子”结下不解之缘的特大城市。北京作为“种业之都”，其种业产业链的特点为“育种在京，制种、用种在外”，这一特点体现了北京在种业创新资源、创新成果、头部企业集聚以及创新环境优化等方面的优势。北京拥有全国最多的种业研发机构和高端人才，保存了大量种质资源，育种发明专利授权量、通过国家审定的品种数量、植物新品种权授权量均居全国前列。

北京市还出台了《北京市种子条例》《北京种业振兴实施方案》，围绕“4520”种业行动计划，实施了生物育种创新培育专项行动，构建了农作物、畜禽、水产、林果四大种业研发体系，并布局建设了平谷、通州、延庆和南繁四大种业公共服务平台。这些措施为种业创新提供了坚实的基础和保障。

在这样的背景下，温常龙团队的成就不仅是团队努力的结果，也是北京市种业创新环境和政策支持的体现。他们的工作不仅在国内市场取得了显著成效，还为国际合作和交流提供了有力支撑。他们为全国 53 家机构提供高通量技术服务，获得超过 2500 万分子育种数据点，培训高通量育种技术人员 2230 人次，这些都是对国家种业创新和国际影响力的积极写照。

“我们的工作不仅仅是发表论文，而是要把科研成果应用到田间地头，真正服务于农业，服务于人民的需要。”温常龙所长总结道。他和他的团队通过不断的努力和创新，为我国黄瓜育种技术的发展作出了重要贡献，也为保障 14 亿人的“吃菜自由”提供了坚实的技术支持。

获奖情况

黄瓜高通量分子育种技术创新与新品种选育

科学技术进步奖二等奖

“心”之所向：科普“医”路同行守护健康中国

撰文 / 吉菁菁

以往互联网上的心血管病健康知识存在诸多问题，如知识壁垒高、语言晦涩等。为改变这一现状，北京大学人民医院团队运用多维度传播方式，构建立体化大众心脏健康科普体系。他们融合新旧媒体，打造立体化传播网络，使科普内容更加通俗易懂、科学有趣。累计线上浏览量超 1400 万人次，影响人数超 2 亿人次，科普真正成为百姓喜闻乐见的形式。

“您好，我是刘健，感谢您收听‘刘健医生说心脏’……当冠状动脉粥样硬化斑块逐渐增大时，会导致冠状动脉狭窄，严重时甚至引发心肌缺血或心肌梗死。在这种情况下，置入心脏支架可以帮助扩张狭窄的血管，改善心肌供血，但很多患者都会疑惑，放入支架后，血管中的斑块并没有被移除，那么它们到底去了哪里呢？”

刘健为公众做科普讲座

每天早上 7 时 30 分，一个亲切且富有感染力的声音都会如期而至，用通俗易懂的表达方式，向网友们娓娓道来关于心脏的科普知识。这个声音的主人，正是北京大学人民医院主任医师刘健教授。他三十年如一日地深耕于心血管领域一线，独立完成冠脉造影检查及复杂介入手术超过 15000 例，救治了无数病患，但他却总觉得自己做得还不够：一个真正的医务工作者除了要妙手“除病痛”，还要学会“治未病”。通过积极传播科普知识来改变人们错误的认知和生活方式，以维护健康和预防疾病的发生与发展，这是一个特别有价值的事情，会让更多的人受益。

刘健感受到了身为医生肩上的责任感和使命感，也看到了做好医学科普对患者和普通公众而言存在的巨大意义。自 6 年前创办“刘健医生说心脏”公益健康科普微信公众号以来，他最大效率地利用自己繁重医、教、研工作之余有限的休息时间，制作了近千期原创科普音视频等内容。

通过科学权威的数据、生动形象的比喻，“刘健医生说心脏”公众号让更多人了解掌握心血管疾病相关知识，普惠超过千万公众。他还组建了一支由专业医生组成的科普团队，在国内心脏科普领域率先运用多维度融媒体的传播方式，构建了面向全年龄段及健康、亚健康和患者人群的立体化大众心脏健康科普体系，不但内容全面，涵盖了全心脏疾病谱、从疾病预防到治疗的全过程，而且以包含文字、音频、漫画、短视频、书籍、讲座、患者见面会等多元的传播形式，吸引覆盖人群超 2 亿人次。

创新“授人以渔”观念，互联网时代医学科普亟须“去伪存真”

回顾开启心脏科普的契机，刘健提到在长期的临床工作中，发现患者的很多疑问都具有普遍共性，而与之相对的尴尬情况是，临床医生却往往很难有机会或者充足的时间来照顾更多的患者或为他们详细解释疾病发病原因。

“对冠脉介入治疗随访的需求无疑是非常迫切和巨大的，而仅仅给患者置入支架的这种行为还不够，我就想，不如把患者渴求和关心的问题都通过文字和声音做一个详尽解读，建立起一个医患双方的交流平台，通过传播相关防治知识，可以最大限度地帮助患者了解疾病治疗过程、积极进行自我管理，从而理性地面对疾病。”就这样，刘健带领北京大学人民医院心血管内科的专业团队，开启了一场关于医学科普的大胆尝试。

2018 年 6 月 2 日，“刘健医生说心脏”公益健康科普微信公众号上线了。这是一档专注于心血管疾病领域，致力于推广科学、靠谱、有趣的医学知识，由刘健亲“声”演绎的原创音频科普互动栏目。

在公众号的第一篇推送稿件中，刘健团队讲述了“老王遇到的烦心事儿”，从一个可能就在你我身边的普通人视角出发，以生动具体的例子科普了冠心病的症状和需要注意的事项。稿件很快就有了几千人次的阅读量，患者们也给予了“老王系列”一些热烈的反馈和鼓励，这让刘健团队意识到优质医学科普所具备的力量。

“医生不是无所不能的，面对某些疾病或某些患者，临床上的一些治疗手段其实是很有限的。大多情况下，医生只能缓解和控制病情进展，这就是所谓的‘偶尔治愈’，而好的医学科普是可以真正起到‘常常帮助’和‘总是安慰’作用的。”通过了解相关医学知识，普通人能够更理性地对待疾病和健康问题，以减少不必要的恐慌和过度医疗行为；万一有紧急症状，具备相关知识的患者也能及时采取正确措施，避免盲目就医和滥用医疗资源。

在摸索做科普的过程中，刘健团队逐渐发现了更多的大众需求。几年前，一位由于听信谣言而导致心肌梗死复发的患者让刘健团队感触万分：“仅仅因为看到了一些网上关于他汀类药物不良反应的错误观点，他就在没有遵医嘱的情况下擅自停药了。”这引发了团队深深的思考：自媒体的发展一方面能最大化地扩大科普的传播效应，但一些伪科普和健康谣言难免让百姓无从分辨。这时候专业医务人员出品的“硬核”科普，是对抗这些伪知识最有力的武器，但为什么大部分人在面对健康谣言时，会表现得如此脆弱？

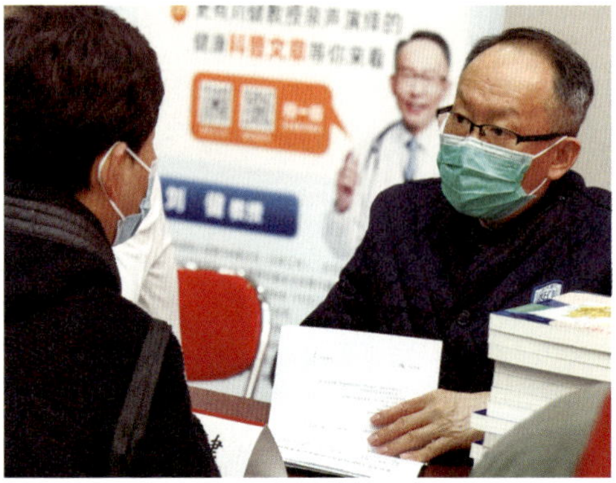

刘健现场问诊

刘健团队意识到，如果想做好科普，只靠传播科学知识还远远不够。心血管疾病多年来都是我国居民的首位致死病因。据《中国心血管健康与疾病报告 2023》显示，中国心脑血管病患者人数高达 3.3 亿，且从患病和发病年龄来看呈年轻化趋势，其中 20 ～ 39 岁的高风险或患病人群占比为 44.3%。大众有着对身体健康、生活质量的绝对诉求，因此对医学科普的需求非常旺盛。但在这个被流量挟持太多的互联网时代，大多数人获取资讯的渠道往往较为单一。这种受到谣言戕害的倾向性可能正来源于跳过了对观点的思考，仅凭强烈诉求便轻易接受了错误的传言。

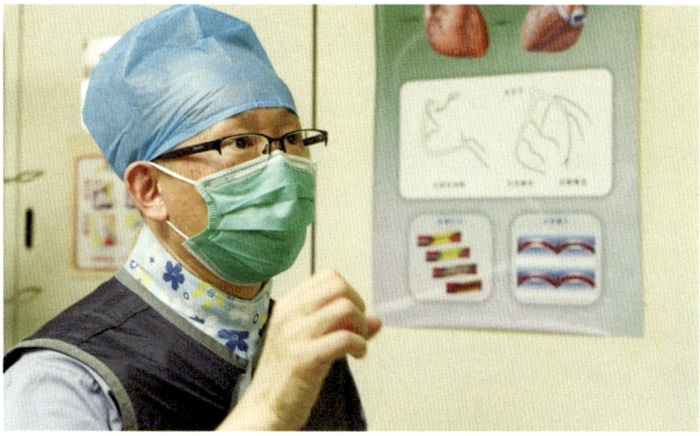

刘健通过多种形式进行专业科普

“马克 · 吐温曾说过，当真相还在穿鞋的时候，谣言就已经跑遍半个地球了。‘授人以鱼’不如‘授人以渔’，我们希望通过持续地进行专业科普，提高公众的批判性思辨能力，让更多人可以分得清、看得到、用得上。”刘健团队创新性地提出“启蒙思辨”的科普方式，引导大众针对健康谣言进行思考和辨识，并给予了落地的行动建议：从身边现象、获得信息出发，思考、辨别它们的真实性，并在一个个具体实例中强化这种思辨模式，最后落实到具体做什么、怎么做的行动建议。

聚焦主角大众，做有意思、有深度、有温度的心脏科普

“优质的医学科普，既要向公众传递准确、丰富的医学知识，也要让内容生动有趣，这样才能吸引大家主动学习和分享。另外，权威性和可信度也至关重要。科普内容必须来源于权威的医学机构或专家，经过严格的审核和把关，这样才能确保信息的准确性和可靠性，也才能让公众更加信任我们。”心血管疾病健康领域的科普内容常有着知识壁垒高筑、语言晦涩、缺乏科学性、同质化现象普遍、缺乏原创性等问题，用通俗的语言向患者阐明专业知识，更是不少临床医生面临的难题。如何才能为公众提供更专业、传播更精准的科普内容，同时吸引更多的人关注和阅读，刘健团队在选题内容和传播形式上做了许多尝试和创新，建立起多维度传播方式，构建了立体化的大众心脏健康科普体系。

在选题内容上，刘健团队坚持“以人为本”和贴近临床、贴近生活的原则，涵盖各个人群关注的内容；紧密结合患者的疑问、医学节日、热搜医疗事件、相关指南共识的更新、重大研究的发布等群众需求和社会热点，围绕疾病特点环环相扣地展开叙述。在传播形式上，采用了文字、音频、视频、漫画等多种体裁，满足了大众对获取健康知识形式多样性的需求。刘健团队还借助有声书、医学知识融入脱口秀等大众喜闻乐见的有趣方式来满足更多样化的大众需求。

“所有科普内容都是我和团队一起拟定方向，还会从近年的指南文献中搜集科学性素材，涉及专科领域的科普内容会邀请专科医生进行复审，以确保作品的科学性。科普内容中涉及的所有数据、诊断方法、治疗策略等均注明信息来源、出处等参考文献。如遇到文献指向不明的情况，则会咨询相关专业医生，务求科普内容贴合临床实际情况，并给予读者临床上最新、最常用、最权威的检查方法和治疗策略。”这些形式活泼、内容严谨的心脏科普内容逐渐在互联网平台上火了起来，“刘健医生说心脏”这个科普 IP 也慢慢地被越来越多的人所熟知和了解。

科普大讲堂

“做科普并不难，但是做好科普确实是有难度的。现在不少患者是看过我的科普来挂号的，是他们的信任更加坚定了我们把科普做好的信心和决心。”刘健团队始终谨记，科普是让大众去看的，科普的主角是大众而不是医生。如果把疾病诊断、治疗和预防等知识浅显易懂地传递给大众，不但能消除患者的紧张情绪，也能提高患者对医生的信任度，使得治疗过程更顺畅，社会上的医患关系更融洽。

刘健回忆起一位特殊的患者老黄，“他当时因大面积心肌梗死导致心力衰竭和心源性休克被送到医院，经过我们一个多月的全力救治终于转危为安。他出院时，正值‘刘健医生说心脏’公众号刚上线，他便顺理成章成为最早的一批忠实读者。每次复诊他都会提到公众号的内容，跟我聊他希望了解哪些话题，哪些知识他理解了，以及哪些内容看了还有疑问。”去年，老黄的病情突然恶化，并在送院途中遗憾离世。老黄去世后，他的儿子打来电话表示，父亲一直是刘健团队科普栏目的忠实粉丝，常常对家人讲述相关的科普内容。“他的儿子对我们表示了感激之情，这件事也成为我们的动力所在。老黄让我更加明白，医学科普的意义绝不仅是知识的传递，更是一种温暖的陪伴和对患者生命的支持。”

做科普是一件长期主义的事，医学科普需要高质量发展和“百花齐放”

门诊、手术、教学、科研……在从海绵里挤水才能获得的宝贵休息时间中，数年里刘健团队完成了近千期的科普内容创作，推出了 8 本科普书籍和漫画，参与了上百场讲座和活动，累计超过 5500 小时的录音甚至有 95% 都是刘健在手术间中利用喝水的空隙完成的。即便医生的每一天几乎按分钟精确分配，刘健团队仍然坚持将科普作为日常工作的一部分，始终坚守在医学科普的最前线。“科普这件事我们团队会一直做下去。服务好大众和患者对心脏健康的需求，就是心血管内科医生的职责所在和人生追求！”刘健团队的想法非常朴素，做科普是一件长期主义的事情，唯有靠着躬身入局的谦卑之心、脚踏实地和每天一点一滴的积累，才能真正把它做好。

心脏时刻跳动不停，40 亿次的微小震颤却擎起稳健的生命之躯。心脏小到不过盈盈一握，却容纳下了浩瀚宇宙之大的感情。至今，刘健团队仍在探索医学科普的高质量发展之路：既要坚持科学性，给予公众“靠谱”的知识；更要借助先进科技的力量融入“融媒体时代”，具有趣味性和可及性；同时要保持公益性的初心，还要探寻它的壮大成长。

“如果单单为了热度和流量，成为一些人口中的‘网红’，很有可能走进做科普的误区。”刘健团队也期待着在科普路上遇到更多的“同路人”：医学科普的终极目标是让普通人也能了解并掌握准确的医学知识。如果一只蝴蝶扇动翅膀后，还有千万只蝴蝶扇动翅膀，带来的改变可能会是非常惊人的。“只有更多优秀的专业医生加入进来，参与创作更多的优质医学科普内容，让公众了解更多最新的医学知识和成果，才能在全社会营造良好的氛围，从而推动我国医学科技的创新和发展，守护好更多家庭的幸福和健康。”

获奖情况

拯救心脏：多维度立体化大众心脏健康科普体系的构建与应用

科学技术进步奖二等奖